U0338769

家居大观

主编◎ 王荣泰　陈金伟

新　华　出　版　社

图书在版编目（CIP）数据

家居大观 / 王荣泰，陈金伟主编. ——北京：新华出版社，2015.7
ISBN 978-7-5166-1859-2

Ⅰ.①家… Ⅱ.①王… ②陈… Ⅲ.①生活—知识—普及读物 Ⅳ.①TS976.3—49

中国版本图书馆CIP数据核字（2015）第158732号

家居大观

主　　编：王荣泰　　陈金伟

出 版 人：张百新　　　　　　　　选题策划：要力石
责任编辑：张永杰　　　　　　　　封面设计：马文丽
责任印制：廖成华

出版发行：新华出版社
地　　址：北京市石景山区京原路8号　　邮　　编：100040
网　　址：http://www.xinhuapub.com　　http://press.xinhuanet.com
经　　销：新华书店
购书热线：010-63077122　　　　中国新闻书店购书热线：010-63072012

照　　排：尹　鹏
印　　刷：北京凯达印务有限公司

成品尺寸：145mm×210mm
印　　张：10　　　　　　　　　　字　　数：200千字
版　　次：2015年7月第一版　　　印　　次：2015年7月第一次印刷

书　　号：ISBN 978-7-5166-1859-2
定　　价：28.00元

图书如有印装问题，请与出版社联系调换：010-63077101

序

梁　衡

　　什么是阅读，阅读就是思考，是有目的的，带着问题看，是一个思维过程。广义地说，人有六个阅读层次，前三个是信息、刺激、娱乐，是维持人的初级的浅层的精神需求，后三个是知识、思想、审美，是维持高级的深层次的精神需求。

　　一个经济体量巨大的国家，应该有与之相匹配的阅读生态。"一个不读书的民族，是没有希望的民族。"遍观周遭，浅阅读、碎片化阅读盛行，深阅读、慢阅读成为稀见之事。物质的繁荣替代不了精神的丰富，浅阅读也构建不起基础牢固的精神世界。人要多一些含英咀华来涵养自己。读文学，可以陶冶情操，滋养情怀；读历史，可以鉴古知今，明得失，知兴衰；读哲学，可以把握规律，增长见识。

　　心理学研究表明，一个人的思想意识、行为方式的养成，需要经历服从、认同、内化三个阶段。习近平总书记这样谈读书的作用："读书可以让人保持思想的活力，让人得到智慧启发，让人滋养浩然之气。"在今年的《政府工作报告》中，李克强总理说："阅读作为一种生活方式，把它与工作方式相结合，不仅会增加发展的创新力量，还会增强社会的道德力量。"阅读对于每个人来说，都会持续释放出个人潜在的极大力量。

《中国剪报》创办 30 年的历程，记录着社会进步，文化发展的变迁，也是 30 年来社会阅读精神史的记录。

《中国剪报》经新闻出版署正式批准于 1991 年元旦创刊，在全国率先开发报刊信息资源、服务经济建设。次年 5 月，《中国剪报》编辑部迁至北京。

30 年来，《中国剪报》始终坚持"集千家精华，成一家风骨"的办报宗旨，立足主流媒体，把握正确导向，传递有效信息，传播适用知识，面向中老年读者。共刊发文章 30 万篇，文字总量 1.5 亿，发行总数达 16 亿份。为了适应中青年读者的需要，中国剪报社在 2005 年又创办了面向全国发行的《特别文摘》杂志。

《中国剪报》和《特别文摘》十分重视与读者互动，广泛征求读者对报刊的意见建议，自 1992 年以来已连续举办 23 届读者节活动，共投入资金 240 万元，参与人数达 45 万人次，获奖人数达 3.4 万，受到读者的普遍好评。中国剪报社还主动承担企业的社会责任，积极支持公益事业，先后在中国共产党早期领导人瞿秋白的纪念馆竖立"觅渡、觅渡、渡何处"的巨石文碑，在江西井冈山和云南大理捐建希望小学，向灾区捐款献爱心等，受到各界人士好评。社长王荣泰被中国报业协会授予"中国杰出报人奖"，报社荣获"中国报业经营管理奖"。

今年适逢《中国剪报》创办 30 周年。30 年来我一直是这张报纸的读者、作者和朋友，见证了她的成长。现在，报社从《中国剪报》和《特别文摘》中精选出了近 3000 篇文章，编辑两套丛书共16 本，既有经典美文，也有平凡故事；既有读史新见，也有百科揭秘；还有生活之道，健康智慧，等等。作为编辑部回报读者的礼物，也是向社会上所有关心过本报的人们的汇报。目前，"书香中国""全民阅读"正方兴未艾。期望这两套丛书能为每个人的精神成长、社会文明增添新助力，贡献正能量。

目 录

3

清　洁

家　居

置

业

买房时需看开发商哪些证件

一、查看开发商的《营业执照》。查看营业执照的目的有二：看这个单位是否存在，看该单位的营业范围。同时，还应注意企业执照是否经过年检，若未经年检则为无效。若是开发商委托销售代理机构销售该住宅，需要查看《代理销售委托书》及该机构的《营业执照》。

二、查看开发商的《建设用地规划许可证》。依据法律规定，城市土地的利用必须符合城市规划，开发商所使用的土地在用途、位置和界限上应与建设用地规划许可证相互一致。

三、查看开发商的《建设工程规划许可证》。它可以确认有关建设活动的合法地位，并作为建设活动进行过程中接受监督检查时的法定依据。

四、查看《国有土地使用证》。依据我国法律，只有经过出让的土地才能从事房地产开发。开发商在向政府缴纳一定地价款后，才能获得《国有土地使用证》，没有此证的企业开发的房子不能买卖。

五、查看《建设工程施工许可证》。购买期房应查看开工证，以确定开工手续是否齐全，是否纳入年度施工计划。买现房检查工程质量检验单看房子质量是否合格。

六、查看《商品房预售许可证》。无论是销售现房还是预售期房，都应报政府有关部门批准，并取得相应许可证，才能从事销售和预售，否则其销售行为违法，最终影响产权证的办理。

冬天是看房最好时段

冬季太阳高度角很低，建筑物的阴影很长，尤其冬至日前后这一段时间，是全年日照最不利时段。选择这个时段去看房，能够实际体验目标楼盘最苛刻的日照条件：在最需要阳光的季节，日照时间究竟有多长？有几个房间有日照？阳光射入房间有多深？门窗的大小与房间的面积比例是否合理？

冬季气温低，这个时候去看房，可以感受一下目标楼盘的节能保温效果、材料的品种、用材厚度、保温材料设置的部位等。保温材料隐藏在装饰面材料之下，看不见也摸不着，是好是差难辨别。但是在寒冷的冬季，购房者可以通过对楼盘现场室内室外温差的亲身感受来间接判别其保温措施是否到位。保温措施得当的楼盘，室内温度应明显高于室外气温，尤其在有阳光的封闭室内。走进关闭的门窗时，不应感到明显寒意，手靠近门窗的缝隙处时，也不会觉得有冷风从缝隙中钻进来。

此外，冬季看房时还可以关注一下与目标楼盘环境条件相关的一些细节问题。比如，目标楼盘的上风向是否有空气污染物，会不会被风吹过来；小区有没有一些适合冬季观赏的绿化景观。如果目标楼盘是高层住宅，还应关注一下住宅的出入口是否处在高层的涡流区内，进出时寒风凛冽，购房者家中如有老年人或年幼体弱者，应预先对此有所考虑。

教你挑套抗震房

新房抗震优于老房。从抗震的角度而言，一般老房子在这方面考虑得比较少，标准也相应较低，而在20世纪90年代之后，新建的建筑在这方面都有比较高的要求。

建材质量是否过硬是关键。无论规范有多严格，但执行起来关键还是看材料的质量是否过关，毕竟，住宅抗震性能的高低主要取决于建材质量的好坏，包括钢材的抗拉强度、构造柱、芯柱、圈梁等各类构件要求的不同，都会影响房屋的抗震性。由于房屋的抗震设施集中在混凝土结构剪力墙、梁和楼板，所以购房者可多了解房屋这几方面的情况。近年来，大部分地震设防地区都已经强制要求四层以上建筑改为框架结构，同时高层建筑中剪力墙结构或框架剪力墙结构应用普遍，其抗震性能较好。

验收重点留意梁柱接合处。在了解了房屋的结构之后，买家在验收房屋时，还可重点留意以下几方面：检查梁柱之间的接合处，是否产生龟裂的情形，如有，其缝隙不得大于一张名片的厚度；结构处钢筋不得外露；建筑物地下室，墙面不得有渗水情形出现；注意混凝土是否光滑、开裂，如发现问题，应让施工方及时修补。

验房六步骤

验墙壁。最好是在房子交付前，下过大雨的第二天前往视察一下，这时若墙壁渗水，必然无可遁形。

验水电。验电线，除了看是否通电外，主要看电线是否符合国家标准，电线的截面面积是否符合要求。一般来说，家里电线不应低于 2.5 平方毫米，空调线更应达到 4 平方毫米。

验防水。验收防水的办法是：用水泥沙浆做一个槛堵着厨房、卫生间的门口，拿一胶袋罩着排污或排水口并捆实，然后在厨房、卫生间地面上放水，浅浅的就行了（水高约 2 厘米）。约好楼下的业主，在 24 小时后查看其家厨房、卫生间的吊顶是否有渗水。

验管道。有些工人在清洁时往往会把一些水泥渣倒进排水管，验收时，倒水进排水口，看水是否顺利流走。

验地平。验地平就是测量一下离门口最远的室内地面与门口内地面的水平误差。一般来说，如果差异在 2 厘米左右是正常的，3 厘米是可以接受的范围，超出这个范围，您就得注意了。

验门窗。验门窗的关键是窗和阳台门的密封性，一般可以通过查看密封胶条是否完整、牢固这一点来证实。阳台门还要看门内外的水平差度。若二者水平一样，在大雨天就难免渗进雨水。

房产证真假巧辨别

房产证分两种版本：一种是普通版，另一种是 2000 版。2000 版是 2000 年的新版本，增加了特别防伪技术。

普通版的产权证如何看真假

一是从纸张上看：真房产权证的内页纸张用的是定向不定位的房产证专用水印纸，它是采取特殊工艺制作的产权证专用纸，其识别方法类似人民币的水印头像，假房产证的水印质量粗糙、模糊不清，有些房产证印上一层白色不透明油墨，冒充水印，如果仔细辨别，应可分出孰优孰劣，且真房产证纸张光洁、挺实；假房产证纸张手感稀松、柔软。

二是看防伪底纹：真房产证的底纹采用浮雕文字，"房屋所有权证" 6 个字，字迹清晰，线条光滑，容易识别，造假者很难做到颜色深浅、色彩的统一。

2000 版的房产证如何识真假

一是微缩文字：真房产证的内页花边里藏有微缩文字。微缩文字用肉眼看似乎为一道虚线，在放大镜底下则清晰可辨。假房产证则字迹模糊、不易辨认。真房产证还在封三右下角印上了"北京印钞厂证券分厂印制(2000)"的字样。

二是防伪底纹：本证书面页采用房产证专用浮雕底纹。真产权证底纹的浮雕字立体感强，线纹清晰；假房产证的底纹由于是扫描复制的，线条臃肿或有断线。

三是防伪团花：本证书封二团花的花芯为劈线花芯，即在花芯中藏有一个双线小花。假房产证的制作过程由于没有专业线纹技术，这部分也会模糊不清。

挑选小户型四注意

一、过道面积过大或不合理

过道面积过大会造成浪费；而如果设计不合理，则会影响到其他房间的使用，最常见的方式为走道设计在客厅中间，这样做的结果是客厅的领域感完全丧失。

二、户型分割不合理造成浪费

如果在分割时将房间分割得不太合理，极容易造成面积浪费。

三、房间面积比例不当

每个居室都有一定的面积要求，如果小于这个要求时，便会影响其居住功能。比如说，卧室的面积一般不能小于15平方米，太小则会影响睡眠质量和身体健康。客厅面积最好不要小于 8 平方米，面积太小，生活在其中会令人感到压抑。

四、采光不足

居室采光能力直接体现了居住生活的舒适度，然而大多数小户型房子因为面积小，通常只有一扇窗户，很容易造成采光方面的不足。另外，有些小户型房子的窗户直接面向背阴面，许多房子经常是常年得不到太阳的直射。这样的房子在选购时还是谨慎为妙。

此外，类似通风、空气对流不畅、公摊面积过大等问题在小户型物业中也会经常碰到，购房者在选房时一定要睁大眼睛看清楚。

楼房间距多少才合理

根据有关规定，南北朝向排列的楼房间距是楼高的 0.7 倍，若东西向则为 0.5 倍。如前排房屋的高度为 20 米，那么后排房屋距离前排房屋要有 14 米才符合要求。其中应注意四点：

一、0.7 倍是指首层的间距标准，层数越往上，间距标准越低；二、同样的间距，塔状的楼房比长条形板式的楼房好些，因前者较短，互相遮挡的情况比较轻微，因此通风采光好些；三、个别情况下，间距虽窄，但若有出风处，也会产生巷道风，即使巷子很长，也是很凉快的，购楼者要到现场实地多体验几次，才能判别哪些单元风只从侧旁吹过而不入室；四、假如有两个楼盘的房价相同，但房屋间距不同，其实际房价是不同的，间距窄者实质提升了房价。

房产升值有哪些迹象

失业率降低

这个道理很简单：没有工作，你就不可能买房子。随着失业率上升，买得起房子的个人就更少。这降低了住房需求，推动房价走低。除了看失业率是否下降外，还可以看看当地公司是否正在招聘，大企业是否在迁至该地区。更多的工作岗位意味着更多雇员，这最终会提振该地区的房产需求。

收入增长

想再深入一点了解情况的购房意向者，可以看看某一街区家庭收入的平均变化。那些薪酬停滞或出现下降的购房者在支付了月供之后可能就没剩下多少现金了；他们因此可能不会维修他们的房屋，而这会降低房屋的价值，甚至是临近房屋的价值。

库存不断减少

大多数频繁见到"房屋出售"标志的地区，房价距离回升还很远。那些没有新住房建设项目的地区可能会率先迎来房市复苏，因为这些地区可供出售的库存量较少。

房子也有保修期

由于房屋涉及工程众多，因此，同一房屋的不同部位，其保修时间也各不相同。

50年。在正常使用条件下，基础设施工程、房屋建筑的地基基础工程和主体结构工程保修期为设计文件规定的该工程的合理使用年限，一般来说，商品房的设计使用年限是50年。

5年。屋面防水工程，有防水要求的卫生间、房间、外墙面的防渗漏保修期为5年。

2年。供热与供冷系统的保修期为两个采暖期或供冷期；电气管线、给排水管道、设备安装和装修工程的保修期为2年。这就意味着室内管、线保修期是2年。

1年。墙面、顶棚抹灰层，地面空鼓开裂、大面积起砂，其保修期是1年，门窗翘裂、五金件损坏、卫生洁具、智能化系统等保修期也是1年。简而言之，室内墙地面表层问题、室内配件的保修期是1年。

6个月。灯具、电器开关的保修期是6个月。

2个月。管道堵塞的保修期是2个月。

房子的保修期是从该房屋竣工验收合格之日起开始计算，交房时，开发商应该提供《住宅质量保证书》《住宅使用说明书》《房屋面积测绘表》《竣工验收备案表》"两书两表"，在《住宅质量保证书》中应明确说明商品房质保期的时间、范围。

房屋在保修期内如果出现问题，购房者可以直接要求开发商进行维修，此外，只要不低于国家规定时间，楼盘的具体保修期也可由开发商自行决定。

如果过了保修期，房屋出现问题之后购房者可以向业主委员会或物业管理单位反映，根据《住宅专项维修资金管理办法》的规定进行处理。

对于社区内的共用部位，如花园、变电房等，在保修期内，由开发商进行维修。如果出了保修期，则应经过小区业主大会同意，并经过占建筑总面积 2/3 以上的业主且占总人数 2/3 以上的业主同意，授权业主委员会代为办理，向房产行政主管部门申请划转维修资金，由物业服务公司负责维修。

房产继承、赠予、买卖　哪个更划算

二手房过户持续高温，除普通交易买卖之外，家庭成员之间的房屋产权转换，如何更划算、更简便？

继承：税费最少

假设张三有亲兄弟 4 人。母亲已经仙逝。父亲老张去世后，名下的房产要继承过户给张三，首先同等继承权的人要放弃继承并公证，也就是说，张三的 4 个兄弟以及健在的祖父母都要同意放弃老张这套房子的继承权。这样，税费缴纳时，转让和受让方只需要各自承担 0.05% 的印花税。但继承到张三名下的这套住房如果要再出售，须按照 20% 的税率缴纳个人所得税。

赠予：受赠方须按 3% 缴契税

如果张三的父亲去世，母亲还健在并继承了房子，母亲要将这套房产转换到张三名下，可以通过"继承＋赠予"或"继承＋买卖"的方式。

先说"继承＋赠予"的方式获得：首先，母亲须按照继承程序获得父亲老张的房子，第二步，赠予双方必须是直系亲属才会在过户时免征个人所得税、营业税。母亲和儿子张三须在公证处公证亲属关系等。这样，须缴纳的税目包括：双方各缴纳 0.05% 的印花税，另外，不论房屋大小，受赠方须缴纳 3% 的契税。这套房屋再次交易买卖时，按照 20% 税率征收个税且不能再享受任何税收优惠。

买卖：契税最高 3%

如果是"继承＋买卖"的方式，母亲继承的老张的房子再转卖给儿子张三，走最常见的二手房买卖流程，按照最常见的情况来假设，如果这套房子已经满 5 年，首先可以免征营业税，如果这套房子还是母亲家里唯一的住房，又可免征个人所得税。这样，剩下的税目只有双方各缴纳 0.05％的印花税，张三作为受让方缴纳 1％~3％的契税。

房屋中介五大陷阱

一、同一套房多次付看房费。部分房地产中介公司实行免费登记、付费看房。王女士在三家房屋中介登记了求租信息，中介均要求她交 20 元"看房费"。几天后她相继接到了三家房屋中介的电话，介绍的居然是同一套房子。中介解释说，房主登记房屋信息通常是采取"遍地开花"的方式，附近一带的房源都一样。

二、隐瞒信息挣差价佣金。吴先生准备购买一套二手房，中介称有一套标价 225 万元的房子。而见到房主后却被告知，这套房标价 200 万元，并留了 2 万元还价空间。消协表示，少数中介以"包销"的名义，隐瞒委托人的实际出卖价格和第三方进行交易，获取佣金以外的报酬或恶意将房主房屋价格炒高挣"差价佣金"。

三、房屋有缺陷秘而不宣。房产中介对代理销售的房屋质量应当审查而不进行审查或审查不严就进行销售，更有些房产中介代理销售不符合销售条件的商品房，并且不向消费者如实告知相关信息，如房屋的建造时间、房屋使用缺陷、产权归属情况、配套设施的真实状况。更有甚者建议售房人采取掩盖房屋质量、瑕疵的处理措施，或指导与帮助出售人开具单身证明，伪造相关身份证明、产权证明等进行登记售房。

四、租房设圈套骗取中介费。某些不法中介公司采取告知消费者有符合其需求的房源，然后安排消费者与所谓"房主"见面，"房主"往往主动与消费者互换联系方式，后中介以双方达成租房意向为由，要求消费者交中介费，待消费者之后联系准备交易时，房主却再也联系不上了。

五、设定霸王条款牟暴利。部分中介公司在合同中恶意不标明服务项目的要求和标准，减轻自身责任。还有的与消费者签订单方面制订的霸王条款，如在合同中制订消费者如退房，设置高额违约金，或者无论买卖房屋是否成交，消费者均应支付中介费用等。

谨防二手房"房龄"缩水

进行评估。请具有资质的评估师对二手房的房价进行评估。

看产权证。产权办理时间也能大致判断房屋时间的年限，但要确定二手房的真实"年龄"，不能一概从产权证来看。专业人士解释说，"二手房满5年"的规定是从公允的角度，将二手房使用年限按产权证上的年限开始计算，但是考虑到交房、办理产权证需要一定的时间，二手房的真实"房龄"与产权证上标注的不一样也是情理之中的事。一般来说，将产权证上标注的时间向前推一两年，就是该处房产的"年龄"了。如果是单位房，可由产权办理时间向前递推两三年。

看外墙。外墙的老化程度基本上能表现出该房产的真实"房龄"。

看层高。一般来说，超过7层而且没有电梯的房产都是1995~2000年的房产。

问邻居或居委会。向周边的邻居或居委会打听，该处房产"房龄"到底有多大，就算中介不清楚，他们也会很了解情况。

向房管部门查实。最为保险的办法，就是要求与房主一起到房管部门的档案室进行查询。只要找出当时的房屋竣工验收证明，就知道房子的确切年龄了。

看地板。由于地板的装修不容易更换，地板的成色及款式也比较容易看出房屋装修的新旧。

看厨卫。房子如果近期装修过，可以进入厨房、卫生间观察，因为厨卫的装修比较难以改变，容易判断出房屋的真实装修年代。

专家指出，"房龄"是影响房屋价格的重要因素。专家建议买主在签订购房合同和中介合同时，最好要求把建成年代作为重要条款写进去。一旦过户后出现"房龄"缩水的问题，就可以通过法律途径主张自己的权利。

入住二手房先消毒

如果二手房以前有传染病患者或健康带菌者居住过，或很长时间没有打扫，可能留有大量病菌与病毒。有关专家建议，在入住二手房前，最好先对房屋进行有效彻底的预防性消毒。

要做预防性消毒，离不开消毒剂。每种消毒剂都有本身的特性，不能随便和其他产品混用或者同时使用，应严格按照说明书操作配制。

如空气消毒可用过氧乙酸、过氧化氢、二氧化氯；家具、玩具、电话机、门把手、地面、餐饮具、卫生间洁具表面的消毒可用含氯类、含溴类消毒剂；信件、纸张、书籍等的消毒可用环氧乙烷；小的物体表面可用消毒纸巾消毒。

居室内进行通风换气，可以稀释飘浮在空气中病菌微粒的密度。绝大部分细菌或病毒不耐热，对日光中的紫外线和消毒剂均敏感。对旧业主用过的被褥，在阳光下暴晒 1 ~ 2 小时，可取得良好的消毒效果。

旧业主留下的餐具、炊具可煮沸消毒；对可能残留痰液的器皿、地面、洗手间，可调配浓度为 75% 的酒精和 5% 的碳酸等化学消毒剂消毒。

墙面可用浓度为 3% 的来苏水溶液，或用浓度为 1% ~ 3% 的漂白粉澄清液，或用浓度为 3% 的过氧乙酸溶液喷洒，喷洒后需关闭门窗。

用浓度为20%的石灰乳液（生石灰配制）粉刷墙壁2～3遍，既可使墙壁焕然一新，又可达到满意的消毒效果。另外，用食醋熏蒸也可以达到一定的消毒效果。

买二手房谨防"三个尾巴"

一、费用拖欠

在签订买卖合同的时候，就应特别注意对房屋交易的关键性约定及卖方的任何承诺，要有书面的签约，不能以口头约定代替。还有物业费、水费、电费、煤气费、电话费等与房屋有关的这些费用，在购房时一定要核实清楚是否存在拖欠。

二、户口期限

在签订合同时，一定要注明卖方迁出户口的期限。您可以在合同中明确指出原房主的迁出义务，可以采取保留部分尾款，等到其迁出后再付，或者约定一个违约标准，如果房主晚迁出一天，就要支付一定数额的违约金。

三、收据保存

签订买卖合同只是房产交易开始的一个过程，后面也有可能引发很多纠纷，所以，在买房过程中要注意保留好收据。如双方做两份书面确认书，共同签字，各自保留，这样可以同时保证双方利益；购房者付款时不要忘记让对方出具收条，要求其明确写出所收到的是什么款项及数额。

拒收楼不交物管费有风险

小张于 2011 年购买了某楼盘一套商品房，"应该是去年年底收楼的，不过我对精装房的装修有些不满意，反正我也不急着搬进去住，所以一直没收"，他说，"我没入住一天，物管费当然也没交过。"请问：小张可以拒绝收楼吗？

律师提醒，交楼标准和装修标准是不一样的。如果开发商交付房产存在一些细微瑕疵，不符合合同附件约定装修标准的，出卖人承担的是关于装修标准的违约责任，购房者如果拒绝收楼主张延迟交楼违约金，则难以获得法院支持。

大部分情况下，开发商通知业主收楼一般都拿到了由建设单位出具的《房屋综合验收备案证》，说明房屋的主体部分国家已经认可，业主不能以个别的瑕疵而拒不收楼。

据了解，一些物业公司也在通过法律的方式起诉故意拖欠管理费的业主，一般情况下法院都是支持的，而且败诉的业主不但要补交管理费，还需缴纳数量不菲的滞纳金。

业主如果发现开发商不具备交楼文件和质量问题，应当及时维权，同时也要注意维权的证据保留。接到收楼通知到场收楼时，不管开发商提出任何理由和借口，业主都应要求查验房屋后才签收有关文书和钥匙。

在查验房屋之前可拒绝签收任何类似于收楼确认书和签收钥匙的文书（这是业主的权利）。否则，事后房屋如果存在质量问题，开发商往往主张业主已经签收确认书和钥匙，视为收楼。这样业主维权往往陷入被动。

业主如果发现开发商不具备有关收楼的证件和文书，可以拒绝验房；如果发现开发商有关证件文书已经齐全，可以要求验房，验房后，业主发现房屋存在如上不具备交楼质量的情形，业主可以拒绝签收钥匙和收楼确认书，要求支付延迟交楼违约金。

装

修

装修　你该知道的基本"常识"

　　签订家装合同应当采用行业管理部门印发的正规装饰合同。签之前要全面了解装饰公司的情况，签时要把所有相关图纸、文件等准备齐全。以下几个问题也不容忽视：1. 工程预算：工程结算时结算金额与预算时常出现差额，除施工过程中工程变更所发生的费用外，原因还出在水电改造上。签合同时，现场水电改造的情况无法了解，报价中就不包含此费用；而结算时，这项工程费却加进去了。因此，尽量要求装饰公司在工程报价里给一个水电改造的参考报价。2. 工期：在合同中必须注明具体的工作日是多少天，在此基础上可稍留余地，决不允许施工队无故拖延。3. 其他约定：工人吃住是否回公司，施工过程中工人的人身危害由哪方负责，对邻居构成干扰由哪方负责，施工方对业主提供的材料做什么程度的保护等。

　　有些装修者在装修过程中，为了保证质量，不惜亲自监督。但一般的装修者缺乏"专业知识"，对装修工程中的一些隐蔽工程当时看不出毛病。而家庭装修监理公司是完全独立于装饰公司和房主之外的第三方，它受家庭装修消费者委托，代表装修户来监督装饰公司对装修合同的执行情况。只有这样装修者的利益才可以得到最大限度的保障。

家居装修应考虑抗震

墙体不能随意拆改。目前业主装修拆改墙体现象比较普遍，通常有砌隔墙和拆墙体两种方式，砌隔墙对房屋的结构影响不大，而墙体的拆除稍有不慎就会让房屋的承重结构产生变化，轻则产生裂纹、重则出现安全隐患，尤其是遇到地震灾害时。

吊顶尽量减少悬挂。顶部装修不要太复杂，也不要选择太重的或者易碎的材料，尽量减少过重的悬挂物。墙面上的装饰要尽量采用不易碎的材料，因为装饰材料的破碎会造成更多的损失、更严重的伤害。

小心保护墙体钢筋。如果在埋设管线时将钢筋破坏，就会影响到墙体和楼板的承受力。遇到地震，这样的墙体和楼板就很容易坍塌或断裂。卫生间和厨房的防水层，受到地震影响也比较大。如果家中采用的是水性的防水涂料，涂层比较硬，房屋在受到地震的晃动后，容易引起防水层开裂，导致漏水。业主在装修时，最好选用油性的防水涂料，因为使用油性防水涂料涂刷出来的防水层，柔韧性更好，避震能力更强。

家具摆设防倾倒伤人。玻璃和金属等材质比较重，且掉落易伤人，业主在使用时，一定要对这些材料进行加固。在家具摆放上，将床放在内墙（承重墙）附近，远离悬挂的灯具。

家装另类创意

条纹的经久生命力。不论什么颜色，不论什么组合，不论流行趋势是什么，你都会在各大时尚品牌的发布会上发现：条纹，永远是时尚界中生命力最强的元素之一。条纹靠垫、条纹茶几、条纹窗帘……都能成为房间里最强的一种视觉元素，表达简单而鲜明的个性。

户外材料搬进家。在卧室里摆上高大的绿色植物，布艺选用轻盈的蓝白色，可以营造自然的情绪；室内墙面的材料，也可以选用粗糙的外墙砖。有时，可以将户外材料巧妙地搬进家，打造出别样的感觉。

给旧物"穿"上优雅外衣。用旧了的户外椅子，在收拾房间的时候本来打算扔掉。不妨用一款黑白色调、花卉图案的贴纸装饰起来，马上能成为房间里一件引人注目的艺术品。

丝巾的装饰力量。天气炎热，丝巾被"请"进衣橱。可曾想过，它也可以是很好的家居装饰品？可以绑在椅子靠背上，可以装进画框里，可以塞进透明的玻璃瓶子，可以束住窗帘……

别买同一品牌家具。如何才不会让精心装修的家落入千家一面的俗套？建议是家具一定不要全部购买同一品牌的产品。家是最需要打磨的，慢慢地淘心仪的物件，既是享受生活的一种方式，也能将家塑造出属于自己的个性。

刚装修的房间应摆什么花

美人蕉。又名红花蕉、凤尾花、宽心姜。花谚说："美人蕉抗性强，二氧化硫它能降。"它对二氧化硫有很强的吸收性能。

石榴。又名安石榴、丹若。花谚说："花石榴红似火，既观花又观果，空气含铅别想躲。"室内摆一两盆石榴，能降低空气中的含铅量。

石竹。又名洛阳花、草石竹，多年生草本植物，夏秋开花。花谚说："草石竹铁肚量，能把毒气打扫光。"它有吸收二氧化硫和氯化物的本领，凡有类似气体的地方，均可以种植石竹。

月季、蔷薇。花谚说："月季蔷薇肚量大，吞进毒气能消化。"这两种花卉较多地吸收硫化氢、氟化氢、苯酚、乙醚等有害气体，减少这些气体的污染。

雏菊、万年青。雏菊又名延命菊、春菊、小雅菊、玻璃菊、马兰头花。花谚说："雏菊万年青，除污染打先锋。"这两种植物可有效地除去三氟乙烯的污染。

菊花、铁树、生长藤。花谚说："菊花铁树生长藤，能把苯气吸干净。"这三种花卉，都有吸苯的本领，可以减少苯的污染。

吊兰、芦荟。花谚说："吊兰芦荟是强手，甲醛吓得躲着走。"这两种花卉可消除甲醛的污染，使空气净化。

装修注意避开7种颜色

木材原色是最佳的色调。木材原色使人易生灵感与智慧，尤其书房部分，尽量用木材原色。总的原则是，各种色调不可过多，以恰到好处为原则。以下七种颜色要慎重运用。

蓝：家中全部用深蓝色的，时间久了，会无形中产生阴气沉沉的感觉，令人消极。

紫：家中油漆紫色多者，虽然可说是紫气满室香，可惜紫色中所带有的红色系列，无形中发出刺眼的色感，易使家中的人有一种无奈感。

粉红：粉红色易使人心情暴躁，易发生口角。

绿：家中漆绿色多者，也会使居家者意志渐消沉。并非一般所说的，眼睛应多接触绿色，事实上，绿色是指大自然之绿色，而非人为之调配绿色，所以，难免会造成室内死气沉沉。

大红：红色系列多者，使人眼睛之负担过重，而且使人的心情容易暴躁。所以，红色只可作为搭配之少部分色调，不可作为主题之色调。

黄：家中漆黄色多者，心情闷忧，烦热不安，有一种说不出来的惊、忧感，因此使人的脑神经意识充满着多层幻觉，有的精神疾病者最忌此色了。

橘红：橘红色多者，虽然充满生气，很有温暖的感觉，但是过多的橘色，也会使人心生厌烦。

隔音 装修不容忽视

隔音已经成为现代装修选材时必须考虑的问题。

不让地板发出吱吱声

隔音主体：地面。隔音材质：软木地板、木纤维静音地板、厚地毯。如今居家地面处理大概都是大理石、瓷砖或木质地板。为了降低从地板反射上来的声音，还是需要在喇叭与聆听位置之间的这块地上铺上可移动的厚地毯。因为厚地毯的吸音效果才好，如果您只想用小块薄地毯，那将只有装饰作用，而没有实质的吸音作用。

说到强化地板，软木静音地板增加了其他地板所不具备的吸音降噪功能。由于软木具有优越的声传播特性和阻尼性能，软木静音地板不仅能吸收踩踏地板时发出的声音，还能对不同楼层起到隔音作用，因而您可以尽情释放个性，夸张地手舞足蹈一回，无须担心楼下邻居的造访；另外，超实木地板也可以带来全新的实木听觉，它内含的全新木纤维静音系统可以将室内噪声降低一半。

让门没有声音

隔音主体：门。隔音材质：桥洞力学板。门往往是家中制造噪声的一个"主力"，有时即使是很轻地关门，仍可听到重重的声音，这就是因为门的材质并非隔音材质，才会造成这样的噪声。

"桥洞力学板"是一种全新的高科技门芯板，其独特的管状结构，能有效地隔音，管状结构中存留的空气类似保温瓶与隔音玻璃的原理。

四处装修最不该省钱

装修不仅劳神，更费钱，但有些地方千万不能省，贪小便宜可能埋下大隐患。

防水、防火、防腐、防锈材料不能省。装修时，厨房、卫生间、阳台都需要做细致的防水工作。合格的防火涂料能起到阻燃、火灾时延缓火势的作用。装修时可在厨房、卫生间使用防腐漆、防腐木等防腐材料。防锈材料一般用在木工使用钉子的地方，保证木工活的质量。

门窗五金配件不能省。窗户以塑钢窗为宜，具有密封性好、隔热性佳、整体不变形、表面不易老化等特点。选购门窗锁等五金件时，可以用不锈钢材料的。选锁具时，要查看商标、生产地址、合格证等包装信息和检验报告。

水管等水路材料不能省。饮用水关乎家人的健康，建议水路管道选正规厂家的 PPR 水管，不会像铝塑管易老化、漏水，也不易结垢。如果条件允许的话，上水管还可以选用铜管，特别是水龙头处。铜质水管、水龙头不易滋生细菌。水龙头里的阀芯建议用陶瓷的，耐磨、防腐、稳定性好。

电线等电路材料不能省。电路走线涉及照明、插座、大功率电路等强电线路，还有电话线、网线、有线电视线、音频线、视频线等弱电线路。如果强电线路选择了劣质电线，后期出现各种电路问题，维修非常不便；弱电线路也必须选择防磁、防干扰，信号较好的高规格产品，以免影响使用。

实用装修笔记

厨　房

1. 橱柜如定做，最好在家装开始前定好，装潢公司的设计师将以此为依据安排水电布线。注意装潢公司最后提供的设计方案，是否对每个部位的尺寸、做法、用料（包括品牌、型号）、价钱表达清楚了。例如，不能用笼统的"厨房组合柜一套"来概括详细项目。

2. 很少有人会想到在厨房里装个小空调，可是，到了炎炎夏天，你会觉得这真是个明智之举。

3. 厨房水龙头要用单柄的，不要用冷、热水分开、旋钮式的那种，因为单柄龙头可以用手背来开关，而旋钮式的必须用手指拧动，当手上满是油腻的时候，拧水龙头会留下污渍。

4. 把垃圾桶放在橱柜里面，虽然外面看起来整洁了，可很不实用。

卫生间

1. 水管安装完毕，水管的 10 公斤加压测试是非常重要的，测试时最好业主在场，测试时间至少在 30 分钟以上，压力没有任何减少方算通过。

2. 卫生间地漏最好位于地砖的一个角上，如果地漏在砖的中间位置，无论砖怎么样倾斜，地漏都不会位于最低点。

3. 在卫生间台盆下安装"小厨宝"这类的即热型小热水器，这样一打开水龙头就能出热水，不需要等很久。因为燃气式热水器一般都安装在厨房，而卫生间往往离厨房较远，当中要铺设很长的水管。

4. 厨房和卫生间台面都不要用玻璃材质，非常容易脏。

5. 台下盆比台上盆秀气、好看，容易清洁。但选择配合台下盆使用的水龙头时要注意盆边厚度，水龙头的嘴要长一些。

6. 在卫生间设计一个小橱，洗澡时放干净衣服，很实用。

7. 厨卫地砖最好不要挑白色的，白色地砖虽然素雅，但是不耐脏。

客厅卧室

1. 电源插座能多装尽量多装点，否则以后家里到处都是拖线板。

2. 如果在家里喜欢上网，最好在每个房间的每面墙上都预留至少 2 个网口和 2 个以上的插座。虽说可以使用无线路由器实现无线上网，但无线网络比较不稳定。

3. 地板颜色要选浅的，不容易看到灰，厨卫地砖反而要略深，不容易发现到处都是头发。

4. 打算要孩子的家庭，一定要算好尺寸，床的旁边要预留婴儿床的位置。

5. 房间里不实用的布置越少越好，多余的装饰早晚会过时。

6. 储物空间尽量多一点，日子久了，需要收纳的杂物会越来越多。步入式衣柜固然是好，但容易积灰；敞开式书架、置物架等，好看是好看，但擦灰时很痛苦。

7. 餐桌旁放个小柜子很实用，随手搁些东西，很方便。

8. 后悔装了那么多灯，其实固定使用的就那么几个。灯具最好选用玻璃、不锈钢、铜或者木制的，不推荐选用金属上镀漆的灯具，看似美观，实际上很容易掉漆。

9. 门与门框最好选木纹细致的材料，不仅结实，也能增加门窗的质感。

阳台玄关

1. 阳台墙面最好贴瓷砖，比涂料更防水。

2. 鞋柜的隔板不要做到头，最好能留一点空间，让鞋子的灰能漏到最底层，方便打扫。

3. 安装塑钢门的时候，一定要提前算好塑钢门门框凸出墙壁的尺寸，告诉安装人员。这样能保证安装完成后，门框和贴完瓷片的墙壁是平的，既美观又容易清洁。

怎样装修适合老人居住

为老年人装修房子要注意细节，营造舒适优雅、简洁方便的生活环境。

室内外无障碍设计。居室的格调和布局要符合老年人的生理和心理特点。室内外进行无障碍设计，减少地面层的高差，以利行走方便，也为轮椅进出创造条件。室内地面应采用防滑材料。卫生间的洁具不宜用蹲坑，可选用具有老人久坐起身方便功能的能升降的马桶盖。浴缸不宜过高，较高应加垫，为老人坐立方便，浴缸要安装扶手，浴缸底面要有防滑装置，以确保安全。

装饰材料不求华丽。室内装饰的色彩要有利于老年人的心理与健康，老年人一般喜爱典雅、洁净、安宁、稳重，加之体弱、心率减缓、视力减弱，一般宜采用浅色，如浅米黄、浅蓝色等。忌用红色，因为红色会引起心率加速，血压升高，不利于健康；浅蓝色则给人以安宁感，适合减缓心率，消除紧张。浅米黄色给人以温馨感觉，有利于休息，消除疲劳。

家具尽量减少棱角。家具应从实用出发，宜少不宜多。家具外露部分应尽量减少棱角，老人用的双人床应两面上下，有条件的应有手扶之处，床与沙发最好稍硬不宜过软。

室内灯光要方便夜间使用。夜间最好有低度照明，便于老人夜间如厕；室内电灯开关安装部位，要方便夜间使用，最好也设有低度照明指示开关方位。

让家人更亲近的装修秘诀

现代人的装修风格越来越多，但如果不注意细节，有可能影响家人的交流。现介绍几种让家人更亲近的装修方法。

减少"小巢穴"舒适度，让家庭成员愿意走出来。家用电脑桌前无须配备商用万向轮或带扶手的椅子，一把简单的、四脚着地甚至久坐会不舒服的椅子，可以提醒使用者这里不是学校和办公室，所以快点高效做完事情到客厅与大家相聚吧。

让客厅成为全家资源最丰富的地方。如果在客厅设置孩子的玩具区、学习区和大人的办公区，家庭成员就可能有更多机会待在一起。因为回到家想做的一些事情在"小巢穴"完成不了，必须到客厅才可以完成。

改变家居装修让家庭成员更多目光交汇。当家长教育孩子、夫妻之间相互埋怨时说"你都看不见我为了你有多辛苦"，被埋怨的人可能真的"看不见"你忙碌辛苦的样子。客厅沙发扶手位置是不是过高？沙发距离厨房太远或者沙发和厨房之间是否摆着较高的储物柜？如果孩子坐在沙发里，一转头能够马上"看见"厨房里妈妈忙碌的身影，孩子注视妈妈的视线不会被挡住，自然就更容易体察到妈妈在厨房的辛苦。您也可以试着把小朋友的书桌或电脑桌搬到客厅或厨房对面。

当我们把家居环境布置得让家庭成员之间的视线更容易"看见"彼此，孩子能看见家长忙碌做饭的背影，妻子能看见丈夫专注地处理工作，家长能看见孩子认真写作业或认真玩玩具，就更有机会对彼此的付出印记在心，多一份感激与爱。

阁楼装修四注意

阁楼的装修布局。在埋电路时应该注意预留空调线，否则改装会非常麻烦；由于阁楼受到阳光的直射温度高，可以加隔热板或者铺隔热层，防止阁楼变成"蒸笼"，此外，还应提前铺好防水层。

有效利用空间。阁楼一般是斜顶的，空间比较小，利用好墙面与地板连接的地方很重要。可以将其设计成储物空间。一些有坡度的边角，可以利用射灯、植物做一些小景观。在比较高的地方，可以选择有特色的大吊灯，既起到照明作用，又起到装饰作用。

家具选择。由于阁楼的高度不够，四周较矮，一般的家具不符合要求，因此要为阁楼定做一套家具，以小巧别致、线条简单、框架类的为主。

要考虑孩子。如果家里有小孩，选楼梯时不要选择旋转型的，以免孩子上、下楼梯时眩晕。

冬季装修注意细节

一、常通风，保证毒气快速释放。要做到以下几点：

1．冬季装修后要连续通风七日以上；在大量家具、地毯、织物摆进房间后，应空置几天，通风后再入住，避免大量有害物质集中挥发，污染环境；所有家具应开门空置几日后再挂放衣物。

2．居室通风宜采取南侧开窗大、北侧开窗小的通风方法，合理控制室内温度和通风量，不宜强烈通风。

3．适当开启厨卫排风扇、厨房抽油烟机，加大室内通风换气量。

4．室内适当摆放绿色植物。

二、避免木材开裂变形。

1．板材码放离开热源800毫米，避免因过热导致开裂、变形。

2．每两张饰面板为一对，面对面逐层平面码放，并用大芯板在上面加载压力，保证饰面板不卷曲、不变形、不开裂。

3．水性涂料、胶类应存放在温度较高的房间，避免放在阳台、北向房间，防止冻坏。

4．油漆和易挥发化学物品应单独存放，远离热源，房间要不间断通风。

三、室温不能低于5摄氏度。

室温低于5摄氏度，无法开展冬季施工。冬季气温低，抹灰、刮腻子、贴瓷砖等作业面如果受冻，就会出现空鼓等质量问题。对于还没供暖的房间，在温度达不到要求时，应暂停施工或增加采暖设备提高室内温度。

家居装修教你几招

1. 鞋柜的隔板不要做到头，留一点空间好让鞋子的灰能漏到最底层。

2. 厨房的水槽和燃气灶上方要装灯。

3. 定卫生间地漏的位置时一定要先想好，量好尺寸。地漏最好位于砖的一边，如果在砖的中间位置的话，无论砖怎样倾斜，地漏都不会是最低点。

4. 卫生间、空调插座均设计开关。特别是卫生间电热水器，以一双级开关带一插为宜。

5. 床垫下方和床板一定要透气。床板一般用杉木板最好。

6. 买灯具要注意：一般尽量选用玻璃、不锈钢、铜或者木制（架子）的，不要买镀层、漆之类的，容易掉色。

7. 水电改造要自己计划好，要求他们按直线来开槽。自己看着他们画线，全按画的线开槽。每一项都要自己验收才行。

8.很多施工中口头上的协议成了结账时被宰的缺口，一定要写成白纸黑字，增减的项目都一定要把价格问清，写出来。

室内装修需防"五毒"

甲醛。毒源：家具和橱柜材料中的胶合板、密度纤维板、刨花板等在遇热、潮湿时甲醛就会释放出来。另外，不合格的涂料和乳胶漆、黏合剂、织物、地毯等都是甲醛释放的来源。主要危害：甲醛和苯是导致白血病的两大重要污染物。长期接触低剂量甲醛可引起慢性呼吸道疾病，引发癌症、白血病，儿童和孕妇对甲醛尤为敏感。

建议：在选择装修材料时就需要考虑会不会造成甲醛污染，同时尽可能多开窗通风。

苯。毒源：苯系物包含苯、甲苯、二甲苯、苯并芘，主要存在于油漆、涂料、乳胶漆等化工产品里以及含有苯的各类装修辅料。主要危害：苯系物被人体吸入后，可出现中枢神经系统麻醉、导致胎儿的先天性缺陷等。

建议：最好选择水性木器漆。苯系物挥发较快，装修后保持良好通风。

氨气。毒源：氨气大多是从墙体中释放出来的，墙体的面积决定氨的释放量，不同房间空气中氨污染的程度也不同。主要危害：氨气可减弱人体对疾病的抵抗力。短期内吸入大量氨气后可引发各种不适，严重者可发生肺水肿、成人呼吸窘迫综合征。

建议：尽可能多开窗通风，如有条件，安装新风机。

TVOC 毒源：TVOC 是指可以在空气中挥发的八类有机化合物的总称，室内的 TVOC 主要存在于建筑材料中的人造板、泡沫隔热材料、塑料板材以及室内装饰材料中的涂料、油漆、黏合剂、壁纸等。主要危害：可导致人体的肝、肾和血液中毒，在低浓度下会引发各类不适症状。

建议：如发现室内 TVOC 浓度较高，最好保持室内通风，有条件的话购买新风机换气。

氡。毒源：一些石材，比如花岗石以及由石材构成的陶瓷、带有釉面的工艺品等。主要危害：氡气具有对人体健康不利的放射性，特别是容易导致肺癌。

建议：家装时应尽可能少用石材，尤其是花岗石。陶瓷洁具产品要注意选择合格的产品。

装修注意"敏感区域"

卫生间渗漏。很多家庭在装修中，都要把原来的卫生间墙地砖打掉，铺设新的瓷砖。这样做的结果，就是需要重新在卫生间的墙地面做防水工程。如果防水工程出现了质量问题，轻则水渍会洇到隔壁房间，重则会渗漏到楼下。

木材变形。目前，很多家庭都在装修中大量使用了木制品。

但是一旦居室中温度、湿度变化较大，有些木制品就会出现开裂、翘曲和变形等问题。很多消费者都认为木材越干燥越好，其实这种观点有失偏颇。木材的含水率只有在正常范围内维持稳定，才能保证装修不出现质量问题。一般家庭中使用的木质材料，含水率应该在8%左右为宜。含水率过高或过低，都会造成家装中的木材出现质量问题。

保温墙开裂。目前在很多的新房中，都有带有保温层的新型保温墙体。这种墙体在装修中，很容易出现乳胶漆开裂的问题。其实这种开裂是由于墙体的水泥出现裂缝，或墙体"保温板"的接缝开裂而造成的，并不是装修的质量问题，而是建筑上无法克服的缺陷。

秋季装修　屋里放盆水

秋季之所以适合装修，一来可避免夏季高温潮湿、冬季低温对建材造成的影响；二来气温相对适宜，白天可以开窗通风，有利于装修材料中有害气体的扩散。但是，在装修过程中，还是有一些问题要特别注意，尤其是既要"防脱水"，又要"防上火"。

木材、人造板材和木制品（如地板、橱柜等）运进现场后，不要放在通风口，应尽快在表面做封油处理，防止因风干而产生裂纹。此外，避免太阳直晒，可以在房间放一盆水，以保持一定的湿度，以防来年春、夏交替时木材变形。

值得注意的是，通常情况下，秋季装修后人们常觉得室内并没有太大的装修味，会急于入住，其实，这是低温造成的假象，一定要引起警惕。据专家调查，秋季装修的房间，一般会在冬季供暖后或夏季，出现明显的空气质量反弹，甚至造成室内空气污染，危害人体健康。因此，建议大家，即使房间内没什么味道了，还是要等半个月到 1 个月左右再入住。在这期间，可以适当开窗通风，时间最好选在早晚，因为中午的时候，空气湿度相对较小，比较干燥，容易造成木材、墙漆等开裂。

让居家环境静下来

我们生活在一个声音的世界里，声音若是过大、过吵，可使人烦躁，影响人们的身心健康。电冰箱、空调、抽油烟机、洗衣机、吸尘器等，在使用时会发出各种声音。检测表明，收录机音量升级可达 50~90 分贝、电冰箱的噪声为 50~90 分贝、电风扇为 42~70 分贝、吸尘器为 63~85 分贝、抽油烟机为 65~78 分贝。生活中我们该如何远离这些噪声呢？

绿化法。环境专家指出，绿树、草坪、花草等除可调节环境空气中的温湿度、净化空气外，还可以降低周边环境的噪声。

装修法。对于隔音效果差的墙壁，可以进行改造。比如软木覆盖法，先用实木不等距呈几何图形地分隔墙壁，再用软木覆盖。改造墙壁后，噪声可降低大约 50 分贝。另外，还可采用贴壁纸的办法，加装一层石膏板来降低噪声，将墙壁表面弄得粗糙一些，使声波产生多次折射，从而也能减弱噪声。

厚门法。隔音效果，主要取决于门内芯的填充物。内芯填充纸基的模压隔音门，能达到 29 分贝的隔音效果；内芯使用优质刨花板的门，隔音效果能达到 32 分贝。实木门和实木复合门，越是密度高、重量沉、门板厚，隔音效果越好。若是门板两面刻有花纹，比起光滑的门板，能起到一定吸音和阻止声波反复折射的作用。门四周有密封条的防火门，也具有良好的隔音效果。

护窗法。把临街窗户的普通玻璃换成隔音玻璃。如采用 5~8 毫米厚的透明玻璃，安装隔音窗后大约可以降低噪声 30 分贝以上。双层玻璃的隔音效果在 40％左右，而 3 层玻璃则几乎百分百隔音。使用密闭性能好的塑钢门窗，可以节省能源 30％~50％，并可以使室内噪声降低到室外的 1/3，维持在 30 分贝左右。

静音法。购买家用电器时，要有意识把工作噪声低作为选择标准之一。选用那些静音效果相对较好的家电用品，可以让家里那些会发噪声的设备最低限度地折磨您的耳朵，使您保有良好的情绪。

过年装修停工三提示

要做好登记工作

在春节放假前，业主应同装修工人一起对工地进行验收，登记现场物品及材料数量，记录室内的水、电、煤气等数据，签字备存，然后封闭现场。

此外，一定要记住关闭水、电、煤气等总阀，切断施工中的临时电源。开封的油漆、稀料等要尽量拿走，这些都是易燃品，工地一定要常备灭火器。春节后重新开工时，施工人员应和业主一并进入现场进行清点，确定无误后才可正式开工，这可以避免一些误会。

开窗透气，防止漏水

如果正做到木工阶段，应在保证安全的情况下开窗透气，上了漆的现场更要注意通风良好，这样可以尽可能地散发木料和油漆的异味。所有的池子都不要蓄水。

对于做到试水阶段的工程，可以先把防水涂料层刷上，但在放假期间不要蓄水，因为试水需要在48小时内有人在现场观看。

材料的堆放也要规范

板材类需要集中码放，木材类需要打捆放置；对于面材类则需要做封底油处理，码放需要工整、垫平压实，必要时可用大芯板垫底，将饰面板夹在中间。总之，所有板材均不宜放在阳光直射处。

建筑类垃圾及时清运到指定位置；施工中的水泥、沙子、墙地砖等质量较重的物件，应分散堆积码放，每平方米不能超过150公斤。

元月装修别太"赶"

材料采购早下单。春节前的这个月，正是大家工作都很忙的时候，采购计划往往会因各种原因而难以完成，直接影响节后施工进度。建议业主在节前做好采购计划，甚至提早下订单，让材料商节前送货或节后第一批送货。

现场材料保护好。在春节停工工人离开工地之前，要做好已经完成的成品、半成品的保护工作。比如，停工期间，要注意保持施工现场的温度，避免出现温度过低的情况。因为这时候如果室内温度过低，容易对那些对温度比较敏感、但无法采取保护措施的项目造成破坏。最后，在所有人员离开工地时，把水、电、煤气的总阀门关闭，防止出现意外事故。

制定合理的工期。春节期间停工在所难免，如何让这段时间停得合理，又能在春节后及时开工，业主与施工方需在前期签订装修合同时尽量将停、开工的日期细化，并在补充条款中约定好延迟开工的违约责任。

停工期间多通风。停工期间，业主有时间的话可多去工地，多通风。但是冬季室外温度低，装修后没干透的乳胶漆墙面容易被冻，使得开春后墙面易变色。所以，开窗通风最好选在温暖的午后，每次通风时间别太长，以防窗台附近的墙面被冻而变色。

软装修常犯的几大错误

1. 放太多的靠枕。如果靠枕阻碍到你舒服地坐在沙发或躺在床上时，那它显然是太多了。床上摆太多的靠枕会让你就寝前花费大量的时间把它们挪走，早起后又花费同样的时间把它们放回床上。

2. 忽视窗户。窗饰对房间来说就像珠宝对女人一样重要。除了油漆，窗饰是改变整个房间视觉观感的最容易和最便宜的方法。有一条很好记的法则：把窗帘挂在窗框上方5厘米的高度。如果天花板很高，那就把窗帘从顶部一直挂到地面，使空间显得更大。当然你也可以简单到仅仅挂一幅小的麻制的罗马帘来遮挡光线。

3. 画框挂得太高。如果你要抬头欣赏你的美术品，那说明它挂得太高。不管坐还是站，你通常都不会想抬头来欣赏你的美术品。最佳的高度是你眼睛的高度。看着你的门框上沿，如果你的美术品太大，那就以门框上沿为基准挂画，不要超过它。这样的话从房间任何坐或站的角度都会看得很舒服。有一条好记的规则：如果在沙发后挂画，保持画框底部距离沙发靠背上沿15厘米。

4. 太多色彩和图案。如果你房间里有太多色彩和图案，会显得杂乱、拥塞，眼睛不知往哪里放。

5. 不合适的主题。喜欢一种设计主题，不一定要把这种主题遍布你整个房间。这会让人觉得做作和压迫。可以用布置某些带有这种主题的物件来凸现你的喜好。

小户型装修的误区

不够周全的强弱电布置。小户型房间虽小，但五脏俱全。又因居住者以年轻人居多，对电脑网络依赖度高，生活又随意，所以小户型对电路布置要求很高。要充分考虑各种使用需求，在前期设计时做到"宁富勿缺"，避免后期家具和格局变动后造成接口不足的尴尬。

复杂的天花板吊顶。小户型居室大多较矮，造型较小的吊顶装饰应该成为首选，或者干脆不做吊顶。如果吊顶形状太规则，会使天花板的空间区域感太强烈。

划分区域的地面装饰。小户型的空间狭小曲折，很多人为了装饰效果，突出区域感，会在不同的区域用不同的材质与高度来加以划分，天花板也往往与之呼应，这就造成了更加曲折的空间结构和衍生出许多的"走廊"，造成视觉的阻碍与空间的浪费。

硬质隔断。小户型装修应谨慎运用硬质隔断，如无必要，尽量少做硬质隔断，如一定需要做，则可以考虑用玻璃隔断。

过于宽大的家具。小户型家具的选择应以实用小巧为主，不宜选择特别宽大的家具和饰品。购买遵循"宁小勿大"的原则。还要考虑储物功能。床的周边应该选择有抽屉的；衣柜应选窄小一些且层次多的，如领带格、腰带格、衬衫格、大衣格等。最好先在图纸上规划好家具的尺寸，再选择购买。

镜子的盲目运用。镜子因对参照物的反射作用而在狭小的空间中被广泛使用，但镜子的合理利用又是一个不小的难题，过多会让人产生晕眩感。要选择合适的位置进行点缀运用，比如在视觉的死角或光线暗角，以块状或条状布置为宜。忌相同面积的镜子两两相对，那样会使人产生不舒服的感觉。

室内装修六戒

1. 戒高光。室内的采光和照明不应过亮，尤其是光束指向性很强的射灯，绝不能作为照明的主角使用。

2. 戒反光。表面光滑、带有镜面效果的装饰材料会反射光线，造成室内的"光污染"，使人感到头晕目眩、心神不安。

3. 戒镜面。在客厅和卧室中最好不要用镜面，除了反射光线之外，晃动的人影也会给人带来凌乱的感觉。

4. 戒赘饰。纷繁复杂的装饰品不仅不能给空间带来美感，反而会使整体空间显得杂乱，装饰效果也不好。

5.戒石材。家庭中大面积使用天然石材，存在放射性的威胁。

6.戒贴面。塑料地板革、PVC 贴面等很多人造的贴面材料，其贴面的色彩和质感很差，给人浮华、廉价的感觉。

揭秘装修环保陷阱

一、木工材料以次充好。细木工板根据其有害物质限量分为 E0 级、E1 级和 E2 级。家庭装修只能用 E0 级、E1 级，E2 级甲醛含量可超过 E1 级 3 倍多。不法建材商却会用 E2 级冒充 E0 级，以次充好。另外，国家标准中没有"3A 级"，目前市场上已经不允许出现这种标注。

二、不法材料商找替代品，出现新的污染物质。当发现某一材料甲醛污染严重而被国家禁止后，不法材料商会寻找替代品。替代品虽然甲醛含量符合国家标准，但是会出现苯、TOVC 超标。

三、家具用材不环保。我国目前对家具的检测是采取"送检"的方式，这样不法商家就有了可乘之机。而且，一些家具是"破坏性检测"，比如一个橱柜，只截其某一块木板进行检测，因而并不具有代表性。

四、消费者一味求低价。有的消费者为了节约装修费用，而到不正规的市场买低价产品。小钱是省下来了，却牺牲了自己的健康。其实以 100 平方米的装修面积为例，用不用环保材料的差别就有 5000 ~ 6000 元。

装修要打好节能基础

保温。如果原有的外窗是单玻璃普通窗，那么装修时最好换成中空玻璃断桥金属窗，并且在东西向的窗户外安装活动外遮阳装置。如果原有墙面有内保温层，在装修时注意不要破坏掉。如果设计方案是将阳台与居室打通，就要在阳台的墙面、顶面加装保温层。在铺设木地板时，可在地板下的格栅间放置保温材料，如矿棉板、阻燃型泡沫塑料等。

节水。节水的重点是控制好厨房、卫生间设备的选配与安装，最好安装节水龙头和流量控制阀门，选用节水马桶和节水洗浴器具。目前一般家庭厨房和卫生间使用的水龙头都是扳把式的，这种水龙头操作起来很难自如地控制流量。因此，可在橱柜和浴柜的龙头下安装流量控制阀门，这样就能根据住房的水压合理控制水流，达到节约用水的目的。除此之外，还要尽量缩短热水器与出水口的距离，并要对热水管道进行保温处理。

节电。除了要选择节能型灯具外，装修时还可选择有调光功能的开关，能实现有效节能。客厅内尽量不要选择式样太过繁杂的吊灯；卫生间最好安装感应照明开关。另外，尽量选择节能的家用电器，合理设计墙面插座，尽量减少使用连线插板，应选择有控制开关的插座，平时使用时不宜频繁插拔。

揭开家装团购迷雾

价格不一定最低

很多品牌特价也非常低，团购的价格相对来说，不一定是最低的。下单前多去逛卖场，确定要买的型号，并且记下还价后的价格；然后到网上去搜索下这个产品型号的报价，在现场下单前一定要知道产品是不是自己想要的型号，如果价格确实便宜，就可以下单了。

主料便宜，辅料加价

有的杂牌团购现场主料便宜一点，但是可能在辅料上做文章，原本免费赠送的可能收费，或者干脆将辅料加价。这些费用加起来，反而比市场价还要高。

勿全信砍价师

团购组织会向商家收取一定的场地费，或向参与企业收取广告费等。这些成本最后还是要分摊给消费者，所以有的商家会先将单价拉高，然后再和砍价师合作出演"打折"。打折的幅度和底价是在此前和组织者协商好的。

货不对"样"

有些团购会上，商家摆出的样品是优等品，等送货到家后就会发现，产品的花色质地要比团购会上看到的差很多。

拒交全款以免难退

在现场发现产品很优惠，可以考虑先交纳订金，而不能交全款，否则退起来比较麻烦。

不轻信团购组织者

要确保团购的组织者有第三方的监管，万一出现售后服务等问题，可以有地方投诉。

为老人装修要多费心思

为记忆力减退或患了痴呆的老年人装修，应保持原有住房的风格。在各个房间要统一各种开关的位置，要按老人的习惯放置家具、设施。

对有视力障碍的老年人，要注意装修材料和家具的颜色差别，保证室内光线充足。必要时可采用局部灯光配合，以便老人能看得清。

对有听力障碍的老年人，要用低而大的窗，充足的光线有利于老年人阅读并方便，老年人坐观室外，减少孤独。要选朝向好和阳光充足的房间为客厅，选空气流通的房间为老年人的卧室。

此外，按房间的用途合理放置家具和用品，要让老人能以最小的活动量达到目的。还要留出足够的空间，让老年人以及陪护者活动。

住房应保证水、电、燃气、电话、电视网络五通，并有智能声光报警系统。同时，要在老年人容易找到的明显位置，放上医疗救护、火警、煤气泄漏、治安警戒等电话。

装修　谨慎签合同

1. 工期提前要约定

工期是指双方商定的装修施工从开始到结束的天数，如果需要提前入住，在签订合同时应该与装修公司协商提前完工的时间，并且应询问清楚是否需要支付家装公司因赶工而采取其他措施的费用。

2. 设计图纸数量要明确

设计图纸关系到装修能否顺利进行，因此在签订合同时，要明确设计图纸已经完整全面，切忌在设计图纸全面完成以前与家装公司签订施工合同。此外，一些家装公司能够免费提供 2~3

张立体效果图，而有的家装公司则需要付费才能够提供，这些问题都应在商定后记录在合同中。

3. 水电增项费用详细估算

在装修结算时，水电增项费用经常远远超过预算。为了避免装修费用严重超支，在签订合同前可以要求装修公司给出比较详细的水电预算价格，或者约定水电改造费用范围以及如果出现严重超支，双方如何承担等问题。

4. 保修细节也要约定

对于家装保修，家装公司也有规定，一般为工程免费保修2年，防水保修5年。但是如果室内有大量的现场制作项目，例如木门、衣柜、吊顶等，还应进行细节约定，例如，如果这些现场制作项目出现问题，保修是否为包工包料全责保修，还只是负责包工，而不负责材料保修。

家居装修注意事项

1. 鞋柜的隔板不要做到头，留一点空间好让鞋子的灰能漏到最底层。鞋柜最好用百叶门，防臭。鞋柜边可以留一个插座，用来烘鞋。

2.床垫下方和床板一定要透气。床板一般用杉木板最好。

3.买灯具要注意：尽量选用玻璃、不锈钢、铜或者木制（架子）的，不要买什么铁上面镀什么其他镀层啊、什么漆啊之类的，容易掉色。

4.脸盆尽量用陶瓷盆，玻璃盆难搞卫生。

5.防水一定要做好，一定要试水！

6.很多施工中口头上的协议成了结账时被宰的缺口，一定要写成白纸黑字，增减的项目都一定要把价格问清，写出来！

7.客厅里尽量多地装电源插头。

8.厨卫地砖一定别挑白色。

9.客厅灯具盏数不宜过多，简洁为好，否则像灯具店。

10.铝扣板的保护膜最好在装之前就去掉。

11.切菜的地方可以安个小灯。

12.方便的话餐厅也可以安排气扇，这样吃火锅或做烧烤时就不会弄脏天花板。

装修术语解释

概算定额。是确定一定计量单位扩大分部分项工程的人工、材料和机械消耗数量的标准。它是在预算定额基础上编制，较预算定额综合扩大。它是编制扩大初步设计概算，控制项目投资的依据。

工期定额。指在一定的生产技术和自然条件下，完成某个单位（或群体）工程平均需用的标准天数。包括建设工期定额和施工工期定额两个层次。

建设工期。指建设项目或独立的单项工程从开工建设起到全部建成投产或交付使用时止所经历的时间。因不可抗拒的自然灾害或重大设计变更造成的停工，经签证后，可顺延工期。

施工工期。指正式开工至完成设计要求的全部施工内容并达到国家验收标准的天数，施工工期是建设工期中的一部分。

概算指标。是以某一通用设计的标准预算为基础，按100平方米等为计量单位的人工、材料和机械消耗数量的标准。概算指标较概算定额更综合扩大，它是编制初步设计概算的依据。

工日。一种表示工作时间的计量单位，通常以八小时为一个标准工日，一个职工的一个劳动日，习惯上称为一个工日，不论职工在一个劳动日内实际工作时间的长短，都按一个工日计算。

大样。指对设计中一些细部的重点放大交代。常以接近的比例在图纸中体现，俗称大样图。

设计概算。是指在初步设计或扩大初步设计阶段，根据设计要求对工程造价进行的概略计算。

施工图预算。是确定建筑安装工程预算造价的文件，这是在施工图设计完成后，以施工图为依据，根据预算定额、费用标准，以及地区人工、材料、机械台班的预算价格进行编制的。

健康安全装修儿童房

要"绿色装修"

儿童房过分讲究装饰和摆设，会增加有害气体的含量，影响到儿童身心健康；另外，儿童房中经常有地毯、床毯和各种装饰物，也容易引起室内空气污染；为确保儿童房达到环保要求，关键需要"绿色装修"，儿童房不仅需要在通风和采光上做到科学设计，同时建议使用环保材料。

室内摆设有讲究

由于孩子缺乏自我保护意识，室内摆设最重要的一点是避免发生意外伤害。首先，室内尽量不使用大面积的玻璃和镜子，电源插座需要保证儿童手指不能插进去，最好选用带有插座罩的插座。

家具、饰品、玩具部件要结实，不要太小，以免孩子误吞而发生意外。家具的边角和把手最好不留棱角和锐利的边；地面上也不要留有磕磕绊绊的杂物；床边要设计个护栏，也可以在床的四周铺上地毯、塑胶垫或其他软性防护材料。另外，儿童好奇、好动，家具很可能成为儿童玩耍的对象，因此，组装式家具中的螺栓、螺钉要求接合牢靠，以防止儿童自己动手拆装。

折叠椅可能在搬动、碰撞时出现夹伤孩子的现象。为此，折叠桌椅上应设置保护装置，避免夹伤和被孩子坐翻。

玩具架也不能太高，否则孩子取放玩具时容易被绊倒、摔伤。

科学摆放玩具

婴儿很喜欢用他那看不太清楚的眼睛来搜寻目标，一旦抓住目标就会盯住不放，久而久之，长时间躺在床上看就形成了"斗鸡眼"。一般婴儿的可视距离只有25厘米左右，所以任何东西如果不是让他贴近看，都是看不清的。所以，父母在摆放玩具时，最好摆放那种会转动的并且可以吊在婴儿床头上的玩具，这样孩子的视线就不会老是只停留在一点上。

家装小心预算陷阱

尽量报低预算

头一回装修的业主多半对装修的各种材料、程序、工艺术语较陌生，一些设计师在做预算时，有意略去某些项目，或者以一个大概的计算面积做乘积，报出一个较低的价格，但在现实施工中却以各种理由要求消费者追加预算，否则怠工或停工。

支招：仔细查看装修项目是否已全部纳入预算，签订合同时图纸跟预算要一致，最好在合同预算清单中写明在设计方案微调的情况下，允许实际用料与预算有 5% 的偏差，超过该范围拒绝付款。

虚报面积增预算

一般业主都会关注单项的价格，至于实际的面积大多是估算，而这一块恰恰是装修公司或工头容易做手脚的地方。如果每项面积都稍微加一点，累计起来就不是小数目了。比如在计算涂刷墙面乳胶漆时，没有将门窗面积扣除都会导致装修预算的增加。

支招：在合同中注明，装修费以实际发生额计算，多退少补。工程验收时，要仔细丈量实际发生面积。

代购材料拿回扣

现在多数家庭图省事装修时选择"包工包料"，家装公司为求高利润，材料以次充好，使用不环保、有害气体超标或有严重辐射的材料。而且设计师拿回扣，是业内普遍的潜规则，往往以"方便客户而代购材料"的幌子，与经销商串通一气抬高价格。在施工中，本来墙壁应刷 6 桶面漆，结果仅刷了 3 桶，这种事情也常有，当时业主如不留意很难发现，过一段时间问题就显现了。

支招：业主在签订的合同中要明确工艺处理要求，并现场监管，材料最好验收一下。

装修　颜色搭配四不宜

餐厅装蓝色，影响食欲。蓝色属于冷色调，不易使人产生亲近感。而餐厅却是一家人其乐融融就餐的地方，使用蓝色会在一定程度上影响就餐情绪和气氛。餐厅和厨房，最好以橙色为主色。这种暖色调不仅提升气氛，还会使食物显得新鲜诱人。

卧室用紫色，压抑感强。紫色确实能带来沉静、浪漫之感，但如果卧室大面积涂刷成紫色，就会让整个空间色调变深、光线变暗，难免让人感到压抑，影响人们的心情。另外，浓重的粉红色和红色也不宜作为卧室主色调。因为这种颜色会让人处于亢奋状态，长久居住会让人感到烦躁，并出现情绪不稳定的状况。如果新婚夫妇已经将墙壁刷成了红色，不妨用白色的装饰来点缀，以舒缓红色带来的视觉冲击。卧室颜色最好以暖色调、浅色系为主，淡蓝、鹅黄色都是不错的选择。

黄色书房，让人慵懒。因为黄色往往充当着警示色的角色。如果书房使用黄色做主色，就会带来较大的视觉刺激，容易造成视觉疲劳。另外，黄色带有温柔的特性，具有凝神静气的作用，但如果长时间接触，会让人变得慵懒。建议书房最好用淡蓝色或米色，这个颜色自然清新，不容易让人感到困倦，并且温和，不会对视觉产生过度刺激。

黑白等比，视觉疲劳。如果屋内的主色调为黑、白两色等比使用，不免太过花哨了一些。长期生活在这种环境中，会让人感到眼花缭乱，极易产生紧张和烦躁之感。但这并不意味着黑、白两色不能同时使用，只要分配好两者比例即可。最好以白色为主色调，以黑色为局部装饰，如黑色的几何图形、水墨画等，会让空间变得明亮宽敞，并且充满趣味。

明察秋毫辨装修

首先要检查厨房卫生间的上下水管道。把洗菜池、面盆、浴缸放满水，然后排出去，检查一下排水速度，由此可以看出排水管道排水是否顺畅，上水管是否存在渗漏现象。将马桶反复多次地进行排水试验，看看排水效果，便可完成下水检查。

其次检查配电线路。将所有的灯具打开，看灯具是否都亮。当然还应该用万用表依次检查插座是否有电，使用电话机检查电话线路的信号是否稳定，利用天线检查工具检查电视天线的信号是否畅通稳定。

接着要检查木工制品以及油漆工制品。检查木制品是否有变形的状况，接缝处开裂现象是否严重，五金件的安装是否端正牢固，油漆是否存在流淌现象，墙壁涂料是否出现大范围开裂现象。

最后不能忽视检查细节。对一些细节部分做仔细检查是非常必要的，如卫生间门口是否有挡水条，窗子是否会存在雨水流入，开关插座面板是否存在划痕，浴室五金安装位置是否合理等。

家居装修配色定律

第一条：空间配色不得超过三种，其中白色、黑色不算色。

第二条：金色、银色可以与任何颜色相配衬。金色不包括黄色，银色不包括灰白色。

第三条：家用配色最佳配色灰度是：墙浅，地中，家具深。

第四条：厨房不要使用暖色调，黄色色系除外。

第五条：不要用深绿色的地砖。

第六条：坚决不要把不同材质但色系相同的材料放在一起。

第七条：想制造明快现代的家居品位，那么你就不要选用那些印有大花、小花的东西 (植物除外)，尽量使用素色的设计。

第八条：天花板的颜色必须浅于或与墙面同色。当墙面的颜色为深色设计时，天花板必须采用浅色。

第九条：空间非封闭贯穿的，必须使用同一配色方案。不同的封闭空间，可以使用不同的配色方案。

五招让小房间"变大"

两个房间涂刷同一种颜色，淡化两个房间的分界。这种方法尤其适用于套间，如厨房连着客厅，采用同一颜色，可以自然地将两个房间连在一起，让人们感到空间得以延伸。

纯色可以增加房间的深度。以厨房为例，单纯用白色来装饰，就会使整个屋子显得平淡和狭小。如果把客厅的墙壁涂成蓝色，然后通过厨房红色的门和墙壁进行过渡，最后将厨房中的橱柜刷成白色，就会感到空间变得更立体了。此时在角落中添置一台白色冰箱，无异于加了条水平线，使空间立体效果更明显。

将墙壁分割为不同的颜色。运用色彩的使用技巧，将墙面刷成几种不同颜色，同样可达到增强视觉空间的效果。当然，采用有组合图案的壁纸也能起到同样的作用。

分散使用主色调。主人都会对某些色调情有独钟，如粉红色。你可选择其中最喜欢的一种粉红色做主色调，然后在房间里分散使用各种粉红色，这样会让你的家看起来更活泼、更明亮，从而达到变大的效果。

在白墙上增添条纹。如果想把房间涂成全白色，可使用一些白色和其他色系的颜色组合，增进视觉效果。不同色调的条纹搭配，既使房间保有一种色彩上的宁静，又可通过色调变化增强视觉效果，而非添加"喧嚣"的元素造成视觉上的混乱。

供热期装修有学问

装修房屋时如果赶上供热期，会对装修有一定的影响。为了减少这方面的影响，应当注意如下几点。

供热前更换暖气片。如果准备更换家中的暖气片，最好赶在供热之前。更换改装一定要请专业人士，在试暖前进行打压实验。在使用暖气过程中和停暖后，要检查各种接头是否松动漏水。

木工活需要选时机。随着室外气温下降，装修采购的木料、油漆从室外到室内含水量会发生变化，容易留下装修隐患。因此，最好在气温下降前结束木工活。供热期间，由于木头中的水分蒸发，木材的潜在问题会暴露出来，此时可以再进行修理。都处理好后再刷漆，裂皮的可能性就会大大减小。

壁纸赶在供热前贴。尽量不要边供热边贴壁纸，这样容易出现裂痕、起皮等现象。

验收最好赶在供热期。对于在供暖期前后交工的住户来说，最好把验收期安排在供热期间。因为室内气温升高后，油漆裂皮、地板起拱、壁纸起泡等装修过程中隐藏的问题都会暴露出来。

铺贴瓷砖要留缝隙。在供热之前铺设瓷砖要把缝隙稍留大一点，即使是无缝地砖也要适当留缝。因为供热后瓷砖会有一定程度的热胀。留缝是为了给瓷砖留一个伸缩的空间，防止发生瓷砖起拱开裂。

装修返工最好在开春。如果在供暖期前后装修好的房屋出现质量问题，需要返工的话，应在供热期结束后再进行。这样可以防止装修材料在供暖结束后发生二次变化。

为孩子营造安全空间

微信上转发的"一个小孩把还在插线板上的手机充电器接口放到嘴里"的信息给不少家长以警醒，尽管这不会致命，但儿童安全却是家长不得不注意的问题。

1. 小瓶子大危害：很多父母经常在卫生间储存许多消毒剂清洁剂之类的，这些一定要放在孩子碰不到的地方，更不要为了环保放进饮料瓶中，一方面孩子好奇心强可能会误食。另一方面比如洁厕灵和消毒液两者混合会产生一种有毒气体——氯气，短期内吸入大量氯气会造成呼吸系统疾病。

2. 孩子玩具勤检查：现在很多孩子大大小小玩具一大堆，家长们要注意玩具也有潜在危险，比如有些大型电动玩具父母要及时检查其零件是否完好，有无松动现象，还有些毛绒类玩具要定期清洁。

3. 安全使用餐具：儿童应该尽量选用儿童餐椅，在进餐时使用配套的儿童刀叉，避免使用筷子和刀叉，父母在儿童进餐时应相伴左右，避免在用餐时发生意外。

4. 狭小空间隐患大：儿童好动、身体小，有时候喜欢钻进一些狭小空间，对身体造成伤害，比如衣柜的缝隙，尽量不要给孩子创造狭小空间的机会。

5. 家有萌物好相处：有些家庭喜欢养一些小动物与孩子共同

成长，要提醒儿童在动物睡觉或者进食时尽量不要打扰，因为这个时候动物的攻击性很强。

此外，父母要在亲子阅读中增加安全内容，可以通过给孩子讲故事的方式共同获得安全知识。

网上选装修警惕隐形风险

一大波网上装修平台蜂拥而来，在给消费者带来便利的同时，暗藏风险的也不在少数。业主需做好功课，警惕各种风险。

警惕签订无效合同

很多平台直接推工长个人，虽然名义上是××平台工长，但平台与工长并非直属关系，双方只是合作，最终与业主签订装修合同的是工长本人，而非平台或者某个装饰公司。专家指出，这种合同无效。

根据合同法第五十二条规定："违反法律、行政法规强制性规定的合同无效。"而建筑法第二十六条规定："承包建筑工程的单位应当持有依法取得的资质证书，并在其资质等级许可的业务范围内承揽工程。"工长并不具备施工资质，也没有营业执照，所以业主与工长签订的合同无效。而如果工长与平台属于挂靠关系，借用平台的资质和营业执照，合同也是无效的。但合同无效并不代表双方不需承担相应的责任和义务。一旦发生装修纠纷，双方起诉到法院，法院首先确认合同效力。如果合同无效，再根据相应情况进行判决。

居间、担保要搞清

第三方平台的角色各不相同，如有的平台与工长、业主签订居间合同，有的则签订三方担保协议，还有的平台称自己是"合同鉴证方"。不同的称呼其实意味着平台方承担的不同责任。

居间合同表示提供信息的合同，对于双方的权利和义务不承担任何责任。担保合同则会替不执行的一方代理履行的责任。而"合同鉴证方"法律上并没有明确的规定，一般来说如果有公示，则按照公示的意思明确。而"鉴证"往往意味着对于合同主体的双方的资格、真实性进行过确认，业主需要查看其是否有相应解释和公示。

考察平台、商户实力很重要

不管最终选择工长还是装修公司，业主要做的不仅是考察工长或装修公司的口碑，研究以前的案例，还要查看其诚信度，是否存在较多的投诉以及出现投诉会如何处理。如果是公司，还可以查看其注册资本。另有业内人士提醒，目前网上装修平台提供的都是相对标准化的产品，或者只提供有限设计的施工服务，如果业主的个性化需求比较高，可能就不太适合。

灯饰选购六步法

第一步：安全。安全永远是最重要的，你可以在购灯的时候请销售人员出示相关 3C 报告。另外，关于某些灯具适宜在什么地方使用也要在购买前详细咨询销售人员。

第二步：节能。选购的灯饰中最好选择节能灯光源。卤钨类高耗能光源与灯具尽量少用。

第三步：功能。装饰中要根据区域的功能来选择不同类型的灯具。例如卧室中不要选择射灯，卫生间应该选择防水、防雾类灯具。老人的房间应该选择照度较高的灯具，避免老人出现意外。

第四步：性价比。用最少的钱买更好的东西。大家应该从灯具的材质、款式、工艺上来了解一款灯的性价比。如一款水晶灯中的水晶球，108 个面的和 220 个面的水晶球的价格那是天壤之别！所以，在购灯的同时，不要单看商家报价而应更多地去了解灯的本质。

第五步：简洁。灯饰的最大作用是展示装修的效果，所以在选购的时候最好是以简洁为原则，容易更换光源、容易维修的灯饰才是最好的选择。

第六步：协调。灯饰与设计风格一定要协调，应保持整体色彩协调或款式协调。如现代简约风格的设计更多应该选择白色或银灰色灯具，而传统中式风格的更应该选择传统风格的羊皮灯。

灯饰　客厅的点睛之笔

客厅的顶灯是整个房间最主要的灯。大的客厅，顶灯不仅要显得大方，而且还一定要配合整体家居设计的风格。如果客厅是以中式家具为主来布置，顶灯就应该选择和家具颜色相近的木制灯架，又或者可以选择显得华贵奢侈的欧式复古灯具。如果客厅是北欧简约风格的，则可以选择超大的色彩艳丽的圆盘形布制垂灯，把客厅的感觉从简约的线条中跳跃起来。

一般来说，客厅以选用庄重、明亮的吊灯或吸顶灯为宜。如果房间较高，宜用白炽吊灯或一个较大的圆形吊灯，这样可使客厅显得通透。但不宜用全部向下配光的吊灯，而应使上部空间也有一定的亮度，以缩小上下空间亮度差别。如果房间较低，可用吸顶灯加落地灯，这样客厅显得明快大方，具有时代感。灯具的造型与色彩要与客厅的家具摆设相协调。

除了主灯外，客厅还需要不少其他装饰性的灯。比如在沙发旁边，可能需要一盏立灯，又或者在沙发旁的小桌几上，可以放上一盏色彩亮丽的小灯。饰灯不能喧宾夺主，最好能和主灯相映成趣。年轻人的客厅中，还可以考虑将整面墙做成灯墙，用一串串小小的灯泡打点一面墙。

室内照明怎样"和谐"

专家指出："在家庭照明设置方面存在很多健康误区，只有对'光健康'照明的充分了解或通过专业的照明设计才有可能实现家庭照明真正'和谐'！"

误区一：暖色照明有利阅读。与普遍认识不同，暖色调的光源因其色温较低，并不利于学生阅读或书写。课题研究表明，5000k和6500k的高色温（冷色光源）更受学生欢迎，较适于阅读、书写等要求较高的视觉作业。另外，在照度水平大于500lx的环境下视觉作业的效率较高，视觉感受较好，更利于学生阅读书写。因此，照明设计师建议家长在设置家庭用光环境时，应当注意选用高色温光源（冷色光源）的学习台灯，而非暖色光源的。

误区二：突出台面无背景光。通常我们都注重将照明集中于工作台面，而忽视环境光照的设置。通过实验研究发现，对于使用台灯进行重点照明的学习环境，环境照明应当充分的考虑，不宜过暗。在设置中小学生的家庭用光环境时，仅仅开启台灯无环境照明的设计是不科学的，这样更容易导致视觉疲劳的加剧，从而影响其视力健康。另外，照明设计师建议对于看电视或玩电脑也不要在全暗的环境下，也同样需要一定的背景光。

夏季装修怎样验收地板

在夏季铺装地板时，缝隙应安排得紧密，以避免在气温降低时缝隙变大而影响美观。

验收时在地板上来回走动，特别是靠墙部位和门洞部位要多注意验收，发现有声响的部位，要重复走动，确定声响的具体位置，做好标记。碰到这种情况，可以要求拆除重铺。有声响的部位主要体现在地龙骨固定不牢固，有些装修施工单位用未经烘干的地龙骨施工，表面上看有烘干的痕迹，其实没干。含水率高的地龙骨，在木料自然干燥过程中体积会缩小，造成松动。

此外，实木地板还要看地板的颜色是否一致。如果色差太大，直接影响美观，可以要求掉换。地板是否变形、翘曲，验收的方法是用两米长的直尺，靠在地板上，平整度不应大于 3 毫米。

铺地板不可不知的细节

1. 工人送货上门之后，业主一定要现场验收确认，并妥善保管地板以及辅料。验收的时候应该主要对地板的品种、规格、色号、数量进行清点。

2. 铺装地板前最好先确认地面、墙面是否充分干燥。如果地面过于潮湿，地板就容易起鼓。如果墙面没有充分干燥，施工中锯末、粉尘的颜色就容易将其污染，并且很难清理。

3. 安装的一般顺序为：先安装地板，后安装门。如果需要先安装门，要预先留好地面的高度，计算方法是：地板厚度＋2.5毫米地垫厚度＋扣条厚度（依据材质而定）。

4. 安装踢脚线时，在注意上口平齐的同时，还要注意踢脚线和地板之间的缝隙不要超过1毫米。如果用铁钉固定，钉与钉之间的间距不得超过40厘米。

5. 如果居室是地热地面，要在地板安装数周前打开地热，开窗通风，散发潮气。任何地热地板的表面温度如果持续超过27摄氏度，对地板的损害都是破坏性的。

6. 建议在首次安装地板之后，在安置家具的前两天对地板进行保养。

7. 在地板的日常使用中，应该保持室内温度在18~22摄氏度之间，最佳的空气湿度是45%~65%之间。

买地板先识别木种

柚木。这种多产于印度尼西亚、缅甸、泰国、南美等地的高档木种以木质坚硬颇受青睐。印度尼西亚的柚木在强度及韧度上比较明显，但弹性及收缩性较差；缅甸的柚木在以上几个方面都较优秀，又以"瓦城"出产的成材最好。

甘巴豆。甘巴豆是性价比高、较实惠的板材。由于甘巴豆花色斑斓，在购买时一定要注意挑选同类色系。施工时要特别注意地板之间的交接缝不宜过松，最好使用水晶地板漆或半亚光地板漆。

花梨。花梨学名"大果檀木"，产于南美，因为其花纹为山形，铺设在40～60平方米的厅内会形成美丽的连绵山形图案，故在大厅里使用较多。花梨木本身木质较为稳定，不易干裂。

紫檀。这种产于东印尼半岛及马来西亚的木种新者色彩殷红、老者呈紫，质地坚实细密，入水则沉，又富有光泽，纹路美丽。要注意的是，紫檀铺设后的保养相当重要，要避免强阳光直接照射，尖锐重物的拖曳、划伤等。

四类地板任你选

实木地板。实木地板具有无污染，对人体没有什么害处。地板真实的木纹感典雅稳重，让房屋显得更有档次；木头本身富有弹性，很有质感。日常保养：实木地板比较娇气，日常清洁应该使用拧干的棉拖把擦拭，如果遇到顽固的污渍，应使用专用的清洁溶剂擦拭后再用拧干的棉拖把擦拭，为了保持实木地板的美观并延长漆面使用寿命，建议每年上蜡保养两次。

实木复合地板。实木复合地板由几层实木交错制成，它的表层通常为木纹美丽的珍贵木材，下面几层则为杂实木。由于实木复合地板还是要使用专用胶去粘的，众所周知粘地板的胶中含有对人有害的甲醛，复合地板即使是达到了国家标准，还是会在使用中散发出一些甲醛。日常保养：复合实木地板不像实木地板那么娇气，基本不需要保养，平时清理用半湿不干的抹布擦地即可。因为板材薄，平时要注意避免一些锐器划伤。为了保持地板的光洁度，实木复合地板每年最好打两次蜡，来保持地板的光亮度。

竹地板。由于竹地板也是纯天然材料制成，结实环保。在选购的时候，要注意竹地板长时间使用后，容易变黄，所以应选用颜色比较深的竹地板，尽量选偏黄的；还要买碳化竹地板，碳化的目的是除去竹块中的水分和养分，杜绝生虫的可能性。日常保养：在日常保养上，竹地板由于其收缩率原因造成缝隙、地面及龙骨之间会出现一些缝隙，极易滋生一些杂菌、霉菌等各类有毒有害物质，也容易在地板背面产生发霉现象，并产生异味。所以平时有了灰尘最好及时清扫擦拭，以免时间长了地板霉变。

强化地板。强化地板最大的优点就是物美价廉，花色繁多便于选择。但是众所周知的是，强化地板含有少许甲醛，还是会对人体造成一定的危害。日常保养：强化地板是最好保养的，每天只需要用半干的拖布擦拭即可。但是强化地板很薄，所以在日常使用的时候一定要避免磕碰。

怎样选实木地板

一、选树种材质：实木地板可简单地分为浅色材质和深色材质。浅色材质的色彩均匀、风格明快，能充分烘托家庭温馨气氛。深色材质的色差大，年轮变化明显，具有膨胀系数较小、防水、防虫的特性，其中比较珍贵、稀少的有香脂木豆、柚木、吕柄桑、非洲缅茄等；稳定性较好的有蚁木（伊贝）、李叶苏木、萨佩莱、塔利、铁苏木、印茄、双柱苏木等；木材纹理清晰的有玉蕊木等；色差较大的有蚁木、香二翅豆等；价廉物美、市场旺销的有甘巴豆等。

二、选颜色：优质的实木地板应有自然的色调，清晰的木纹。如果地板表面颜色深重、漆层较厚，则可能是为掩饰地板表面缺陷而有意为之，当地板为六面封漆时尤需注意。

三、选尺寸大小：从木材的稳定性来说，地板的尺寸越小，抗变形能力越强。

四、选含水率：由于全国各城市所处地理位置不同，所需木材的含水率各不相同。购买时可向专业销售人员咨询，以便购买到含水率与当地平衡含水率相均衡的地板。

五、选加工精度：用几块地板在平地上拼装，用手摸、眼看其加工质量精度、光洁度，是否平整、光滑，榫槽配合、安装缝隙、抗变性槽等拼装是否严丝合缝。好地板应该做工精密，尺寸准确，角边平整，无高低落差。

六、选木材质量：实木地板采用天然木材加工而成，其表面有活节、色差等现象均属正常。同时，这也正是实木地板不同于复合地板的自然之处，故不必太过苛求。

实木复合地板必须"耐磨"

熟悉地板的人都知道，买强化木地板要看耐磨转数，耐磨转数不高将严重影响其使用寿命。实木复合地板同样也有耐磨性要求。实木复合地板和强化复合地板都属于复合木地板。实木复合地板由三层或多层实木板叠压制成，保留了天然实木地板的优点，表层往往采用优质木材。

实木复合地板的耐磨性主要看地板表层的用漆。实木复合地板的耐磨性往往并不取决于表层的厚度，其关键在于覆盖于地板最表面的涂料。消费者在选购时，可将地板板面斜置于亮处，从板的端面观察它的漆膜是否均匀丰满，有无波浪形压痕等。优质实木复合地板的表层油漆涂饰比较均匀。

九招验收木地板铺装

地板铺装"双标"正式执行，国家标准《木质地板铺装验收和使用规范》（GB/T20238-2006）以及建设部《木质地板铺装工程技术规程》（CECS191 : 2005）同时推出，将使地板铺装质量有章可循。对于新木地板铺装标准，为消费者提供9个简单方法，用以验收木地板铺装是否合格。

1. 所使用的配件系统必须是合格产品。

2. 地垫的厚度必须大于2毫米，整体有轻微的波浪形。

3. 踢脚线产品与地板产品衔接的最大间隙应小于3毫米。

4. 按照铺装标准要求，产品的高低差不能大于0.2毫米。

5. 用壁纸刀片的刀背插地板的横竖接缝处，如果能插进去则可能缝隙过大。

6. 锯切的门套高出地板上表面不能大于1.0毫米。

7. 站在扣条处，用一只脚的鞋底快速拍打扣条表面，检查扣条是否牢固。

8. 地板与管道及墙壁等交接处应预留8～12毫米伸缩缝隙。

9. 地板的用量标准规定损耗率通常不应超过5%。

竹地板的竹龄　五六年为最佳

在崇尚"绿色装修"的今天，纹理自然、质感细腻的竹地板成为不少人的首选。很多消费者也认为，竹龄越大，竹材越成熟，地板也就越结实。但专家认为，竹地板的竹龄应该是五六年为最佳。4 年以下的没成材，硬度不够；超过 7 年的竹皮厚，使用起来较脆。最好的是长了五六年的竹子，经水煮、烘干、炭化等工序，将其中的淀粉、氨基酸等营养物质滤出，才能确保使用时不会出现虫蛀、开裂、缩水等问题。

相对木地板而言，竹地板是直纤维排列，不易扭曲变形；由于它的植物粗纤维结构，自然硬度也比木材高出一倍多；尤其在舒适性上，竹地板称得上是冬暖夏凉，无论什么季节，人都可以赤脚在上面行走；竹子的生长期很短，几年便能成材，使用竹地板也是个环保的选择。

此外，由于各个地区的湿度不同，竹地板含水率的标准也不同。但竹地板也存在一些缺陷，在装修完半年内，由于两块地板的卡口处存在磨合问题，脚踩上去会发出一些响声。此外，竹地板也不适合空气潮湿的地区，容易发霉，在多雨季节，应注意开窗通风；冬季若开暖气，室内最好使用加湿器；尽量用拧干的拖把拖地，2~3 个月打一次蜡，保养效果更佳。

买实木地板做到五细心

江西省消费者协会、省建材产品质量监督检验站、南昌市装饰协会联合发布消费提示，提醒消费者在选购及铺装实木地板时应在以下几个方面倍加细心，避免商家用色差问题来搪塞消费者。

选规格尺寸要细心。从稳定性来说，木地板尺寸愈小，抗变形愈好，选择偏短、偏窄的实木地板，其变形量相对小，可以减少实木地板弯、拱、裂、缩等现象。

选含水率要细心。实木地板的含水率应在7%至当地平均含水率之间，如果该项指标不合格，将导致木地板在使用中容易出现变形、翘曲、起拱或离缝等现象。

检查标志、包装，索要购物凭证要细心。标志应包括生产厂名、厂址、电话、木材名称（树种）、等级、规格、色号、数量、检验合格证、执行标准等，包装应完好无破损。注意保存发票、包装盒，发票上应注明树种、等级、规格、色号、数量、面积等。最好能与经营者签订协议，明确木地板的详细情况及违约责任。

分辨本色、修色和着色的木地板时要细心。那些颜色做得很深，以至于木纹都很模糊的木地板通常是用相对便宜的低劣材，通过重度着色手段生产的产品，通过锯断横截面可以鉴别。

铺装时要细心。选10块以上的木地板在平整基面交叉拼装起来，看拼装离缝和拼装高度差是否明显。原则上谁销售谁铺设，以免出现质量问题后，厂家与施工队相互推诿责任。

木地板保养细节

1. 风扇式加热器：如地板局部长时间吹到热风后，表面涂层会产生龟裂现象，地板也会收缩产生间隙。使用风扇式加热器时，应在地板上铺上垫子等进行保护。

2. 积水：地板表面积水后，如不及时处理，将导致地板变色，产生水渍和龟裂等现象。应及时擦拭保持干燥。

3. 白浊：水滴到地板上后，地板表面会变白。这是由于地板蜡的耐久性不好，地板蜡从地板表面剥离，产生了漫反射现象的缘故。应及时擦干水滴。

4. 洗涤剂：绝对不可使用碱性清洁剂。木材中的成分会和碱性物质发生化学反应，导致地板变色。使用清洁剂后要用拧干的抹布擦拭。

5. 宠物：宠物的排泄物会对木材产生碱性腐蚀，导致地板变色和产生污渍。因此，地板的排泄物应尽快擦净。

6. 药剂：如地板沾附上化学药品，应及时用清洁剂擦拭。擦拭后，地板表面光泽会降低，应及时打蜡保养。

7. 地板蜡：要选用适合的地板蜡。打蜡前，要先在房间的角落或其他不醒目之处，对地板进行小面积试用，确认没问题后再开始全面打蜡。

8. 日光：日光直射、紫外线会使地板表面涂漆产生龟裂。应使用窗帘或百叶窗遮挡，避免日光直射。

9. 油污：地板沾上油污后，如不及时处理，将产生油渍和变色等现象。应使用清洁剂仔细擦拭，然后打蜡。

10. 椅子：为了尽量减少凹陷和划痕，长期保持地板的美观，建议椅子脚套上套垫或在椅子下铺上脚垫。

11. 重物：在钢琴、冰箱等重物下要铺垫垫板进行保护，防止局部承重过大而导致地板凹陷及划伤。

12. 空调：长时间使用空调，室内空气将会变得异常干燥，地板容易发生收缩，进而导致地板产生间隙和发出声响。应增加室内湿度。

看纹理辨地板优劣

家居市场里，常看到一些表面纹理清晰度高、色差小、无杂色的地板，不少卖家称其为"印花地板"。虽然表层相差无几，但主体材料却千差万别，有人说是实木的，有人说是强化的，价格也相差较大。印花地板到底是何物？表层真实自然的纹理下又有何玄机？

中国林产工业协会专家委员王军指出，印花地板的概念有点复杂，按材质来说，目前有两种：一种印花地板的材质的确是实木的，但是由于树种特点、树木结疤、虫蛀等原因，致使木材表面纹理不够美观，厂家便通过转印技术将更美观的纹理图案印在实木基材上。由于这种印花地板的主体材质仍为实木，按照国家标准规定，可以按实木地板来销售。

另一种印花地板则较低档，主要材料是高密度纤维板等人造板材，在此基础上通过刷漆制作出天然木材纹理的效果，也称为生态地板或印刷板。这种印花地板不是强化地板，更不是实木的，由于其表面只做刷漆、覆膜处理，并没有耐磨层，因此耐磨性差，环保性能也低于其他地板。

地板种类丰富，消费者挑选时可以用下面几招巧妙分辨。

看纹理。纯实木地板由整块天然木材制成，从纵切面可以轻松看出木材的年轮纹理；实木复合地板是由多层板材黏合而成，从切面也可以看出是整块板材。但强化地板和印花地板多数是一整块无清晰纹理的人造木板。

看覆膜。为混淆视听，目前低档的印花地板多数做成双面覆膜的，消费者在选购时注意查看地板背面，如果能看到一层光亮的膜，则要多加留意。

找色差。纯实木或天然的实木复合地板，为体现木材真实纹理，表面大多只刷一层清漆，纹理颜色自然，每片地板的纹理都有差别；而印花地板的纹理是人工制成，不同地板的表面纹理接近，基本无色差、无杂纹。

看报告。强化地板与低档印花地板的区分方法是，合格的强化地板会有正规部门盖章、发放的检测报告，并标明地板的耐磨系数。由于目前尚无国标，因此低档印花地板很少有检测报告。

一张砂纸鉴别健康地板

买复合强化木地板除了看检验和鉴定证书，一张砂纸也可以鉴别地板是否对健康有害。在购买时消费者可以带张砂纸，找块样板，将砂纸用力来回打磨若干次。

如果花纹明显出现破损，则属于低劣耐磨层地板。这样的地板不但不耐用，而且制作工艺相对粗糙，黏合材料也不会很好，会带来更多的甲醛释放问题，材料卫生问题等。

此外，可以将样板放到日光下看，如果有金属光泽，且有粉末感，接近磨砂效果，说明该地板具有三氧化二铝耐磨层，耐磨性能好。

还可放在鼻子下闻一下，胶味很重，那么很可能是用低劣的化学胶水黏合，如果闻起来气味小，则更好些。

花洒挑选有学问

花洒主要有三种形式，即手持花洒、头顶花洒和侧喷花洒。一般的双洒配置，包括一个头顶花洒和一个手持花洒。

花洒的功能性要体现在出水方式上，有雨淋、按摩、脉冲、喷雾等不同方式，可营造不同效果。比较常见的出水功能模式有：

一般式，即洗澡基本所需的淋浴水流，适合用于简单快捷的淋浴；按摩式，指水花强劲有力，间断性倾注，可以刺激身体的每个穴道；涡轮式，水流集中为一条水柱，使皮肤有微麻微痒的感觉，此种洗浴方式能很好地刺激、清醒头脑。

在卫生间这样的潮湿环境中，花洒表面基本都经过镀铬处理，但其中工艺处理差别却很大。判断优劣的简单方法是：用手握住管体，等2~3秒钟后松开，如果手离开后管体几乎无变化，基本就可以判定是铜管。敲击也是判断花洒管体材质的一个方法，一般铸铁管声音低沉、发闷。

一定要询问商家花洒开关阀芯的材质和使用寿命。花洒开关阀芯是用经过特殊工艺烧制、硬度极高的陶瓷制成，使用寿命可达到20万次。

花洒的节水功能是选购花洒时要考虑的重点。有些花洒采用钢球阀芯，并配以调节热水控制器，可以调节热水进入混水槽的流入量，从而使热水可以迅速准确地流出。还要注意花洒是否易清洁，为了避免因水质不良而造成出水口的堵塞，许多花洒设置了自动清除水垢的功能。花洒配件会直接影响到其使用的舒适度，也需格外留意。

如何选好安全推拉门

关键1：看型材断面。市场上推拉门的质材分为铝镁合金和再生铝两种。高品质推拉门的型材用铝、锶、铜、镁、锰等合金制成，坚韧程度上有很大的优势，而品质较低的型材为再生铝，坚韧度和使用年限就降低了。铝镁合金的型材大多使用原色，不加涂层，而有的商家为了以次充好，往往采用再生铝型材表面涂色的方式，因此选购时应让商家展示产品型材的断面，以了解真实材质。

关键2：听滑轮震动。推拉门分别有上、下两组滑轮。上滑轮起导向作用，因其装在上部轨道内，消费者选购时往往不重视。好的上滑轮结构相对复杂，不但内有轴承，而且还有铝块将两轮固定，使其定向平稳滑动，几乎没有噪声。消费者在挑选时不要误认为推拉门在滑动时越滑越轻越好，实际上高品质的推拉门在滑动时应带有一定自重，顺滑而没有震动。

关键3：挑轨道高度。地轨设计的合理性直接影响产品的使用舒适度和使用年限，消费者选购时应选择脚感好，且利于清洁卫生的款式，同时，为了家人的安全，地轨高度以不超过5毫米为好。

关键4：选安全玻璃。玻璃的好坏直接决定门的价钱高低，最好选钢化玻璃，碎了不伤人，安全系数高，外表应通透明亮。壁柜门不能用透明玻璃。

关键5：挑封边牢度。市场上流行的胶条有PVC橡胶和硅胶，硅胶效果更好，不会腐蚀型材、玻璃和芯板。另外PVC封边带封边牢固，表面平整，色彩逼真，不掉色，不会脱落变形。

哪种壁纸适合你

纯纸壁纸图画逼真。纯纸壁纸由纸浆制成，其突出的特点是环保性能好，而且由于纯纸壁纸的图案多是由印花工艺制成，所以图画逼真。缺点是耐水、耐擦洗性能差，施工时容易产生明显接缝。选择时需翻动纸张观察，纸质硬且白度好的就是好纸，而纸浆不好的纸质感明显偏软。

纸基PVC壁纸可涂画。如果小孩经常在墙面上乱画，想选择一种好打理的壁纸，那么可以选择纸基PVC壁纸。它耐擦洗、防霉变、防老化、不易褪色。其缺点是有淡淡的气味散出，所以选择时绝不能忽视环保性能。

纸基布面壁纸透气性好。纸基布面壁纸是以纸为底层，以丝、羊毛、棉、麻等纤维织成面层，透气性好，无毒，无静电，不褪色，耐磨而且色彩柔和，显得华丽典雅。其缺点是布面容易积灰尘，不易清洗且价格较贵，多用于室内高级装修。

无纺布壁纸纯色居多。无纺布壁纸由木浆等材质混合而成，看上去有丝绒的效果，摸起来有质感，其特点是尺寸稳定，不易脏。缺点是这样的壁纸花色较少，以纯色居多。

金属、草编壁纸以特效见长。金属壁纸是用金、铝、铂制成的特殊壁纸，呈金、银等色系，特点是防火、防水，给人富丽堂皇之感。草编壁纸是一种用草、麻、木材、树叶等自然植物制成的壁纸，透气性好，最突出的特点是纯朴自然，充满大自然气息。

浅谈地砖的种类

仿古砖。仿古砖是从彩釉砖演化而来，实质上是上釉的瓷质砖。在烧制过程中，仿古砖技术含量要求相对较高，数千吨液压机压制后，再经千度高温烧结，使其强度高，具有极强的耐磨性，经过精心研制的仿古砖兼具了防水、防滑、耐腐蚀的特性。仿古砖仿造以往的样式做旧，用带着古典的独特韵味吸引着人们的目光，为体现岁月的沧桑，历史的厚重，仿古砖通过样式、颜色、图案，营造出怀旧的氛围。

通体砖。通体砖的表面不上釉，而且正面和反面的材质和色泽一致，因此得名。通体砖是一种耐磨砖，虽然现在还有渗花通体砖等品种，但相对来说，其花色比不上釉面砖。由于目前的室内设计越来越倾向于素色设计，所以通体砖也越来越成为一种时尚，被广泛使用于厅堂、过道和室外走道等装修项目的地面，一般较少会使用于墙面，而多数的防滑砖都属于通体砖。

釉面砖。釉面砖就是砖的表面经过烧釉处理的砖。它基于原材料的分别，可分为两种：1.陶制釉面砖，即由陶土烧制而成，吸水率较高，强度相对较低。其主要特征是背面颜色为红色。2.瓷制釉面砖，即由瓷土烧制而成，吸水率较低，强度相对较高。其主要特征是背面颜色是灰白色。

组合浴室柜的分类

实木类。指用蒸馏脱水后的实木为基材，经过几道防水处理工艺加工而成的柜体。台面（或盆）可以用玻璃、陶瓷、石材及人造石，以及和柜体相同的材料等，其特点是款式自然、古朴、雍容华贵，能充分体现主人的家居档次和身份的尊贵，经过多道防水工序和烤漆工艺处理后防水性能很好，但实木柜体最大的缺憾是如果所处环境很干燥则容易干裂，故保养时应用比较潮湿的纯棉抹布经常里外擦拭。

陶瓷类。指的是以直接依据模具烧制成的陶瓷体做柜体，台面一般也是陶瓷。特点是很容易打理，但陶瓷是易碎物品，若有重物碰击，则容易损伤。

PVC 类。可以依据木板材加工工艺制作柜体，柜体原材料为 PVC 结皮发泡板，台面也与实木类相似。特点是防水性能极好，但 PVC 板在受到重力时会产生受力变形，长期后不能恢复，故这类柜体一般所承受的盆体都不应很大，重量较小。

密度板类。以密度板为基材制作柜体，然后进行防水处理，其质量的好坏区别在于其防水处理工艺先后顺序不同差异较大：先下料，再做防水，最后制作柜体最好。先做防水，再下料，最后制作柜体次之。最后做防水是糊弄人的。第一种里切好的料六个面全把防水做到位的是好中之好，但定做尺寸很难，并且不能现场切割破坏柜体结构，否则会损伤防水性能，缩短产品寿命。

木门的分类

实木门。实木门是以取材自森林的天然原木做门芯，经过干燥处理，然后经下料、刨光、开榫、打眼、高速铣形等工序科学加工而成。实木门所选用的多是名贵木材，如樱桃木、胡桃木、柚木等，经加工后的成品门具有不变形、耐腐蚀、无裂纹及隔热保温等特点。

实木复合门。实木复合门的门芯多以松木、杉木或进口填充材料等黏合而成，外贴密度板和实木木皮，经高温热压后制成，并用实木线条封边。一般高级的实木复合门，其门芯多为优质白松，表面则为实木单板。由于实木复合门的造型多样、款式丰富，因而也称实木造型门。高档的实木复合门不仅具有手感光滑、色泽柔和的特点，还非常环保，坚固耐用。相比纯实木门昂贵的造价，实木复合门的价格要便宜一点。

模压木门。模压木门是由两片带造型和仿真木纹的高密度纤维模压门皮板经机械压制而成。由于门板内是空心的，自然隔音效果相对实木门来说要差些，并且不能湿水。模压木门以木贴面并刷"清漆"的木皮板面，保持了木材天然纹理的装饰效果，同时也可进行面板拼花，既美观活泼又经济实用。模压门还具有防潮、膨胀系数小、抗变形的特性，使用一段时间后，不会出现表面龟裂和氧化变色等现象。相较实木门和实木复合门来说，模压门采用的是机械化生产，所以其成本较低。

买滑轨分清种类

滑轨是整个橱柜五金件中除铰链外最重要的五金件，它关系到橱柜中抽屉拉伸是否滑溜顺畅。

滑轨按照设计方式分为三节滑轨、抽邦滑轨、滚轮路轨。三节滑轨是用木头作为抽屉两边的挡板，基本上是所有橱柜的标准配置。滚轮路轨依靠尼龙或塑料的滚轮在钢制滑槽间滑动，拉出抽屉。抽邦滑轨简称骑马抽，它将金属挡板包含在内，具有回弹功能。三节滑轨的承重能力一般在20千克左右，抽邦滑轨的承重能力在40千克左右，而简单的回弹抽屉的承重能力也在40千克左右。

滑轨的长短是影响价格的主要因素，一般抽邦滑轨的价格较高。

挑防盗门看几个指标

防盗等级钢印。新国标将原来防盗门的三个等级改为"甲"、"乙"、"丙"、"丁"四个等级，甲级最高，依次递减。新国标的防盗安全级别分别用"J"、"Y"、"B"、"D"这四个字母表示，一般被标注在防盗门的内侧铰链边上角，距地面高度

1600±100 毫米的位置上，且为永久固定标志。

锁点数和锁具防盗等级。锁具好坏主要看锁点数，即锁闭点数，在防盗门开启状态下，将钥匙拧动时，门扇上突出的点即为锁点。理论上，锁点越多，防撬力度越大，但并不代表锁点越多防盗门越安全。因为防盗门的锁点均被锁芯控制，即使有12个锁点的甲级防盗门，所有锁点也都由一个锁芯控制。因此，在挑防盗门时，要查看锁具的防盗等级标准。我国现行的锁具等级分为A级、B级和超B级三种，超B级最好。

门体厚度。新国标规定，防盗门门框的钢板厚度应在2毫米以上，门体厚度一般在20毫米以上，且门体重量一般应在40公斤以上。在材料上，铜质防盗门最好，其次为不锈钢防盗门和铝合金防盗门。

门体内部结构。想更全面地了解防盗门，不妨拆下猫眼、门铃盒等部件，看看内部的状况。比如，可以看看钢材的厚度，是否有能起到防火、隔音等作用的填充物，最好再看看门体前后面板的连接是否正常等。

是否有防撬套、护猫眼器。想要加强防盗门的安全等级，可以自行采取一些措施。如给门锁加一个防撬套，或在猫眼上装载护猫眼器。

您家门锁安全吗

临近年关，入室盗窃案件进入高发期。听说有盗窃团伙专门使用"锡纸开锁"，几秒钟就能开门。家里用什么样的"铁将军"把门才能更安全？

目前，市面上的防盗锁锁芯分为 A 级、B 级和超 B 级三个级别，防护级别越高，想非常规打开的难度就越大。

A 级锁芯。一般包括传统的一字锁、十字锁、月牙锁和大部分锁芯里面只有一排弹珠结构的锁，防盗性较差，开启时间一般在几秒钟到两分钟，很多开发商交房时装的锁芯都是 A 级的。

B 级锁芯。B 级锁芯里多为两排弹珠，或者一排弹珠加一排叶片，钥匙上有两排弹珠槽，或者弹珠槽加蛇形曲线槽，市场价在 200 元左右。其中，A 级锁芯和两排弹珠的 B 级锁芯，都可以用锡纸工具打开，而弹珠加叶片的 B 级锁芯想用锡纸开锁则很难。

超 B 级锁芯。超 B 级锁芯有双排弹珠加双排曲线槽、全叶片、空转锁芯等。超 B 级锁芯的弹珠槽和蛇形曲线槽明显要多，错位排列组合更为复杂，有的锁芯还加装了特殊结构的钢钎，可以防破坏，也无法采用"锡纸开锁"之类的手段技术性开启，万一钥匙丢了，只能破坏性开启。当然，超 B 级锁芯身价也更高，通常在 300 元左右。

警方提醒，无论家里装了哪种锁，都要提高防范意识，比如，如果门锁有自动反锁功能，一定要加护猫眼器，因为这种铁制的防护器相对来讲较安全，即使小偷在外面打开了猫眼，工具也伸不进去；外出和晚上睡觉时，房门都要记得反锁，反锁后最好把钥匙插在门里边的锁孔内，更为安全。

怎样挑选淋浴房

　　消费者在选购淋浴房前，首先要根据自己的实际情况、主要目标及购买心理价位来确定选购淋浴房的种类：普通淋浴房、整体房还是蒸汽淋浴房。其次是要根据卫生间尺寸选型。较小的卫生间可选一字形浴屏，空间大的可选转门淋浴房。

　　消费者还应该注意，带有淋浴按摩喷头的淋浴房，一定要有足够的水压供应，否则华而不实。而蒸汽淋浴房功率通常在2800～3200瓦，在决定购买之前要先搞清自己家的电表能否承受。要注意铝合金框架的表面处理质量。阳极氧化表面不得有裂纹、蚀点、气泡及氧化膜脱落等。

　　消费者在使用淋浴房时，启闭门须轻拉轻推，不要用力过猛。开门不宜超过极限位置，在开启时可能发生碰撞处贴上艺术橡皮，增加安全性能。淋浴房挡水屏钢化玻璃须避免尖硬物体划伤，严禁与硬物碰撞。亚克力浴盆严禁用开水冲烫，最高水温一定要小于80℃，使用时应先放些冷水，再加热水以免损坏。

壁纸防水性能好坏的识别

一条水波纹表示壁纸做过简单的防水处理，防水性能初级；两条水波纹表示有不错的防水处理，通常情况下都可以放心使用，包括在卫浴间的干区；三条水波纹表示壁纸的防水性能可达到在卫浴间干湿区使用的要求；最高为四条水波纹。

玻璃隔断讲究材质

普通玻璃隔断。这种玻璃隔断的优势在于，表面看上去与普通玻璃并无两样，但在意外撞击发生时，玻璃碎片将被牢固地粘在玻璃中的 Saflex PVB 薄膜（聚乙烯醇缩西醛中间膜）上，不会迸溅出碎片，更不会对人身安全造成威胁。

彩色玻璃隔断。选用彩色玻璃隔断时，最重要的是色调要与房间的整体装饰风格一致。但当单片玻璃面积过大（如超过1平方米）时，从建筑学上讲即存在比较大的安全隐患。因此，在不影响整体效果的同时，应尽可能将玻璃割裂成小块，或者适当增加框架比例，降低玻璃遭受碰撞的概率。如果能找到满意的彩色夹层玻璃也是不错的选择。

喷砂刻花玻璃隔断。业内人士指出，玻璃隔断普遍要求强度高、安全性能卓越的原料玻璃来制作。钢化玻璃和夹层玻璃等都能满足其要求。但当玻璃雕刻时，钢化玻璃的强度将会急剧降低，可能会引起玻璃崩裂。故而使用钢化玻璃制作刻花和喷砂隔断就不甚恰当，而采用夹层等其他类型的玻璃会更为合适。

巧选推拉门

边框型材的选择。边框型材厚度一般要达到1.2~1.5毫米，这样推拉门最高可以做到2.8米，而且不会摇晃，比较稳固，厚度如果小于1.2毫米则最高只可做到2米，太高会摇晃，极易出现问题。

滑轮的选择。一般装在推拉门底部。一个滑轮大概分两部分，一部分为轴承，另一部分为轴承外包层。轴承的好坏对推拉门的耐久性起关键作用，好的推拉门都采用进口轻钢滚珠轴承，且轴承上标明厂家及产品型号，轴承边上有标记，外面的钢套也应该有自己公司的一个标志。差的滚轮刚装时拉起来效果和好的也差不多（一般人感觉不出来），但过了半年后就有明显区别。现在还有一种中心未采用轴承的滑轮，只是靠涂抹润滑油，通过机械摩擦来达到滑动效果，这样不但容易沾染灰尘，一旦油脂干燥，便会出现阻塞、无法滑动的现象。

品牌的选择。现在很多推拉门经销商都打着外国进口、外国技术的旗号。专家特别强调，不要轻信所谓推荐产品，要看发

证机关是否权威，一定要向商家索要检测报告，报告上应印有
CMA 国家认证的标志。

如何挑选木门

有经验的业内人士会告诉您一个挑选木门的诀窍: 开门听声，关门听音。规格的木门厚度一般为 4 厘米，因此单从厚度上很难辨别木门质量的好坏，所以可以用手轻敲门面，如果声音均匀沉闷，则说明该门质量较好。关上门如果可以感觉到噪声能够被隔绝，那么这扇门就是货真价实了。木门重量也是一个重要的考核标准，一般木门的实木比例越高，这扇门就越沉。一些消费者还上过这样的当——花了实木门的价钱买的却不是实木门，其实有一个较为简易的辨别方法，如果是纯实木门，表面的花纹是非常不规则的，一眼看过，门表面花纹光滑整齐漂亮的，往往不是真正的实木门，而且真正实木门可以看出有拼缝。

另外，清除木门表面污迹时，要采用质地较软的潮湿棉布擦拭，避免划伤表面。污迹太重时，可使用中性清洗剂、牙膏或家具专用清洗剂擦拭。浸过中性试剂或有水分的抹布不要在木门表面长时间放置，否则会使表面饰面材料变色或剥离。合页、锁经常活动的配件，发生松动时，应立即拧紧，合页位置发生响声应及时注油。

专家教你选油漆

认准 3C 标志。国家从去年开始对溶剂型木器涂料、瓷质砖和混凝土防冻剂 3 种建材实施了强制性 3C 认证，规定未获得 3C 认证的上述 3 类建材不允许生产和销售，并对市场进行监督和查处。

3C 认证标志为白色底版，黑色 3CCC 字样，细看 3 个 C 的图案旁边还有多个小"CCC"暗记。消费者在购买时，应认准 3C 标志或通过网站查询，鉴别真假。

细看包装日期。消费者在选购油漆时，应仔细查看包装，看有没有泄漏现象，由于油漆具有较大的挥发性能，所以就要求产品的包装必须密封良好。如果出现金属包装锈蚀迹象，说明密封性能不好或产品存放时间过长，购买时就要慎重对待了。另外，在查看包装的同时还要看生产日期和保质期，目前居民装修中用得最多的是聚酯漆，相应的保质期多数是 1 年半或 2 年，有的聚酯漆包装上只有生产日期而没有保质期，这样消费者在查看出厂日期时要问清保质期限，以防过期。

避免重量不符。正规厂家生产的油漆包装上标明的净含量是指去掉包装物体的油漆纯重，例如包装桶重 5 公斤，包装净含量为 20 公斤的话，油漆在称重之后，总重量应该是 25 公斤。所以，消费者在购买之前，可以用秤称一称，避免重量不符。

现场查看实物。不能轻信油漆商店售货员的介绍，要询问施工现场的位置，别怕麻烦，最好到施工现场去观察一下正在施工的油漆是否符合标准。观察时除了看漆的表面亮不亮以外，还要注意漆膜硬不硬，是否有刺激性气味等，漆膜硬则质量好，味大可能是化学成分超标。

橱柜选购要"五看"

一看封边。据了解，优质橱柜的封边细腻、光滑、手感好，封线平直光滑，接头精细。专业大厂用直线封边机一次完成封边、断头、修边、倒角、抛光等工序，涂胶均匀，贴封边的压力稳定，加工尺寸的精度能调至最合适的部位，保证最精确的尺寸。而作坊式小厂是用刷子涂胶，人工压贴封边，由于压力不均匀，很多地方不牢固，还会造成甲醛等有毒气体挥发到空气中。

二看打孔。现在的板式家具都是靠三合一连接件组装，这需要在板材上打很多定位连接孔。孔位的配合和精度会影响橱柜箱体的结构牢固性。专业大厂用多排钻一次完成一块板板边、板面上的若干孔，这些孔都是一个定位基准，尺寸的精度有保证。手工小厂使用排钻，甚至是手枪钻打孔，尺寸误差较大。

三看门板。门板是橱柜的面子，和人的脸一样重要。小厂生产的门板由于基材和表面工艺处理不当，容易受潮变形。

四看效果。生产工序的任何尺寸误差都会表现在门板上，专业大厂生产的门板横平竖直，且门间间隙均匀，而小厂生产组合的橱柜，门板会出现门缝不平直、间隙不均匀，有大有小。

五看滑轨。虽然是很小的细节，却是影响橱柜质量的重要部分。由于孔位和板材的尺寸误差造成滑轨安装尺寸配合上出现误差，造成抽屉拉动不顺畅或左右松动的状况，还要注意抽屉缝隙是否均匀。

四招鉴别木纤维壁纸真伪

闻气味。翻开壁纸的样本，特别是新样本，凑近闻其气味，木纤维壁纸散出的是淡淡的木香味，几乎闻不到气味，如有异味则绝不是木纤维。

用火烧。这是最有效的办法。木纤维壁纸燃烧时没有黑烟，就像烧木头一样，燃烧后留下的灰尘也是白色的；如果冒黑烟、有臭味，则有可能是 PVC 材质的壁纸。

做滴水试验。这个方法可以检测其透气性。在壁纸背面滴上几滴水，看是否有水汽透过纸面，如果看不到，则说明这种壁纸不具备透气性能，绝不是木纤维壁纸。

用水泡。把一小部分壁纸泡入水中，再用手指刮壁纸表面和背面，看其是否褪色或泡烂。真正的木纤维壁纸特别结实，并且因其染料为从鲜花和亚麻中提炼出来的纯天然成分，不会因为水泡而脱色。

选购壁纸三关注

一、警惕高价辅料和人工费

壁纸施工收费是按照业主购买的壁纸量算人工费用，而不是按照实际施工量来算。如果消费者多买了壁纸，虽然整卷的壁纸可以退回，但是人工费有些是不退的。

维权办法：先付壁纸费，问清人工费的数目，再约定人工费在施工完成后按实际施工量结算。胶水可以要求另行购买。

二、壁纸团购要盯牢色差

和瓷砖一样，不同批次的壁纸也有色差。这是很多参加团购的消费者必须要注意的问题。

维权办法：团购之前先了解退货事宜并约定要买同一批次的产品，最好拿着团购价直接到商铺去买壁纸。

三、选购量按实际面积算

壁纸是按卷计算的，一卷的规格是 10 米 × 0.52（0.53）米，约 5 平方米。商家报价的时候可能告诉你每平方米多少钱，也可能告诉你每卷多少钱，但销售的时候大都是按卷销售的，不懂行的消费者就会因此吃亏。

其实，消费者买不了整卷的，可以购买零裁下来的壁纸，只要消费者把墙壁的实际长宽告诉店家就可以了。

维权办法：采购壁纸前先丈量墙壁的长宽，尽量根据墙纸规格调整合适尺寸，避免造成墙纸浪费。

门锁的分类与特点

户门锁：目前好的户门锁多用钢材质。钢材比铸铁有更高的硬度和坚固性。如有些进口锁所用的材质是一种叫作"粉末炭钢"的材料，具有超强的耐磨性。

卧室锁：卧室锁一定要选择能够在门里边将门插上的锁，同时卧室的锁又不能像大门锁那样太复杂、难以开启，因为你要保证居室生活的便捷。

通道锁：起门的拉手和撞珠的作用，没有保险功能，适用于厨房、过厅、客厅、餐厅及儿童间的门锁。

浴室锁：合适的浴室锁应该是：1.可显示里面是否有人。2.设置特殊弹簧，必要时用硬币即可拨开弹簧锁，这样里面的老人、小孩在浴室中遇到危险可以得到及时的救助。3.具有防锁死功能，防止因风吹等意外因素造成浴室的锁死。

选橱柜也要看"里子"

有不少人在选购橱柜时只看"面子",却忽视了"里子"。然而,柜体材料占到橱柜整体的九成以上,因此,隐藏在内部的柜体材料更应成为考察的重点。

目前最常见的橱柜柜体是刨花板,也就是用原木木材切削后,加胶、加压制成的板材。刨花板中间层是木质长纤维,两边是细密的木质纤维。另有一部分橱柜采用中密度板做柜体。中密度板是将植物纤维等热磨成粉末,再经铺装、热压后成型的。其最明显的优点是表面平整度好,所以能与质地柔软的吸塑板等粘贴黏合。

在柜体板材选择上,刨花板综合性能优于中密度板。一是抗弯曲性能更强。因为刨花板中含有木质长纤维,稳定性更好,在承受重物时能很好地抗弯曲。中密度板由颗粒细小的粉末压制而成,承重时更容易变形。二是防潮性能更佳。由于刨花板由较大的木质纤维组成,即使泡在水中,膨胀率也只在 8%~10% 之间;而中密度板膨胀率大得多,浸泡在水中会像面包一样发胀变形。另外,生产中密度板的过程中使用了大量的胶水,很容易因为胶水质量不过关而使产品长期散发异味,达不到环保标准。

小开关大学问

面板：别上了再生材料当

目前市场上开关面板主要有三种材料。一般作为品牌开关主要用 PC 料，再有两种是再生材料和钙塑材料。PC 料是业内公认的最优秀的开关面板材料，它在阻燃性、绝缘性、耐高温性、抗冲击性等方面都有着突出的表现。要注意的是后两种材料。它们虽然强度较大，但通常比较脆，往往使用寿命比较短，且非常容易黄变。辨别要点：再生材料因为是将各种面板回收后重新熔炉，再生后使用，所以面板上可以看出会有明显的麻点。钙塑材料则是感觉强度较大，但面板发暗，并且比较脆。

内部： 通过切口断定用材

好的开关金属材料主要使用的是锡磷轻铜。这种材料有更高的耐蚀性、耐磨损，而有的劣质开关是用黄铜甚至铁作为内部的材料，这些开关不仅使用寿命短，更危险的是这些材料容易过热，有引发火灾或漏电的可能。辨别要点：这要看开关内部材料的切口。锡磷轻铜切口呈现赤红色，黄铜切口则是表层发白内部发黄，铁的切口为白色。

弹簧：开关转折有力度

决定开关好坏的还有一个重要部件：不锈钢弹簧。好的弹簧不锈钢应该耐疲劳，这样使用期长。辨别要点：优质开关的弹簧软硬适中，弹性极好，开和关的转折比较有力度。而一些质量较差的开关在用过一段时间之后，可能会出现开关按钮停在中间某个位置的状况，从而埋下严重的火灾隐患。

买家具五注意

材料陷阱。家具在生产用料上有很大区别，一些厂家在家具生产环节存在不少偷工减料、偷梁换柱的陷阱，需要细细分辨才能识破。

使用劣质基材。使用不经干燥和虫蛀的基材，这样的家具含水率偏高，极易造成家具成品后出现变形或开裂。而用腐朽或虫蛀后的木料制造的家具，严重的会出现家具坍塌。

基材混合组装。由于人造板家具多采用在基材外部进行贴面装饰的方法，因此虽然家具柜体各部分外观一致，但是家具中的部分基材却是被厂家动过手脚的。如有些家具柜体前身和柜门使用的是符合环保和质量要求的三聚氰胺板，而在柜体背板使用的都是甲醛释放量较多的大芯板。

内部制作偷工减料。由于板式家具使用的人造板全部是用胶黏剂黏合制作的，对水十分敏感，因此其防水性能必须通过板材的贴面和封边处理来得以保障。而有些厂家为了节约成本，家具内部板与板的结合处不封边处理，一方面致使家具遇水断裂，同时材料中的甲醛也不能被充分阻隔，而造成家具甲醛味很重。

五金件被更换。在家具安装中更换廉价五金件以及偷工减料。例如，大衣柜的柜面镜无后身板、无压条，仅用钉子定位。这种偷工减料的做法，极易造成柜面镜破碎。

此外，在购买家具时应仔细观察家具样品，并问明材料类型和品牌。签订家具购买合同时，要求销售人员，按照其介绍的内容一一标明。切莫以家具的颜色、类型或者简单的一句"和厂地样品一致"的字样代替。

浴缸的选购

亚克力缸：亚克力浴缸造型丰富，重量轻，表面光洁度好，而且价格低廉，同时亚克力胶制浴缸的底部通常有玻璃纤维，可以加强底部的承托能力，但它具有怕划伤和时间久了会发黄等缺点。

铸铁缸：铸铁制造，表面覆搪瓷，所以重量非常大，使用时不易产生噪声；铸铁缸一般造型单一而价格却很昂贵。

钢铁缸：钢板缸是由整块厚度为 2 毫米的浴缸专用钢板经冲压成型，表面再经搪瓷处理而制成的，它具有耐磨、耐热、耐压等特点。

浴室柜选购诀窍

1. 对普通家庭来说，浴室柜最好选择挂墙式，柜腿较高或是带轮子的，这样可以有效地隔离地面潮气；

2. 要了解所有金属件是不是经过防潮处理的不锈钢或浴柜专用的铝制品，这样抗湿性能才会有保障；

3. 有必要检查浴室柜合页的开启度。开启角度达到180度时，可以更方便地取放物品；

4. 在挑选浴柜款式时，要保证进出水管的检修和阀门的开启，不要给以后的维护和检修留下麻烦；

5. 木质浴室柜对卫浴间内的环境有相对苛刻的要求，即干湿分离。要求淋浴间和其他区域相分隔，淋浴的水不会四处飞溅，使淋浴以外的空间保持干燥。对于较小的卫浴间实现干湿分离的最佳方法就是安装淋浴门或独立淋浴房。

人造石台面更防菌

常见的台面有大理石、花岗岩、人造石等，和容易产生裂纹的大理石，及有拼接缝隙的花岗岩相比，人造石台面利用独特的打磨技术，可以实现无缝拼接，光洁度好，能够防止污物、细菌钻到台面的缝隙里繁殖。

以上的说法表明了人造石便于清洁的特点，因为细菌是由内而外开始滋生的，像花岗岩等石材内部颗粒密度小，有孔隙，用的时间久了，或清洁马虎时，污渍容易渗透到孔隙中，并残留在那里繁殖，而人造石内部颗粒的密度比其他石材要大一些，孔隙非常细小，这样就没有给污渍留有"藏身之所"。因此，相对于其他台面，人造石防止细菌滋生的本领要好一些。

由于人造石在压制的过程中要使用胶水，而劣质人造石采用的胶水甲醛等有害物质会严重超标，因此选购时应尽量选择一些口碑较好的材料。同时注意查看材料检验合格证中的硬度、密度指标，在达标的条件下，硬度高、密度大的人造台质量相对好一些。

E0级板材 ≠ 环保橱柜

有家具厂商纷纷打出E0升级的旗号。E0级环保标准到底是什么？橱柜使用了E0级板材是否就一定是环保橱柜了呢？全国工商联橱柜专业委员会会长姚良松先生表示，E1级是指人造板中游离甲醛含量 ≤ 9mg/100g，E0级甲醛含量 ≤ 3mg/100g，这些板材并不是不存在甲醛，只是甲醛释放量达到标准而已。目前，国内一些品牌橱柜都在广泛使用达到欧洲E1标准的环保板材，已经达到橱柜环保安全使用要求，环保标准更高的E0级板材成本要比E1级高出2～3成。

据姚良松会长介绍,在橱柜加工过程中要大量使用封边黏胶、门板烤漆,即使高档封边黏胶、油漆也存在甲醛释放。此外台面、脚踢线和其他配件是否环保也会影响到橱柜的环保品质,并不是用了 E1、E0 级板材的橱柜就达到环保标准。

加工工艺也是决定橱柜是否环保的因素,甲醛会从封边不严的门板、系统孔中慢慢渗出来。这需要先进的生产设备来控制,单是购置一台重型封边机就花费 300 余万元,还需要熟练的工人做保障。

消费者应该要求橱柜生产厂家出具相关环保材料的证明、使用授权书或相关部门检验报告;其次,要检验产品的加工工艺,仔细检查门板的封边是否严密、背板是否经过双饰加工、系统孔是否加了胶塞等细节;第三,看商家做何种承诺,商家是否将其列为合同的义务之一,并明确指出在违反要求时做何种赔付承诺。

三招巧辨油漆涂料质量

一看颜色。油漆涂料在经过一段时间储存后,上面会有一层保护胶水溶液。质量好的油漆涂料,保护胶水溶液呈无色或微黄色,且较清晰;而质量差的油漆涂料,保护胶水溶液呈混浊态。

二看漂浮物。质量好的油漆涂料,在保护胶水溶液的表面,通常是没有或只有极少漂浮物的。若漂浮物数量多,甚至有一定厚度,就不正常了。

三看粒子度。取一透明的玻璃杯，盛入半杯清水，然后，取少许油漆涂料，放入玻璃杯的水里搅动。质量好的油漆涂料，杯中的水仍清晰见底，粒子在清水中相对独立，粒子的大小很均匀。

鲜艳油漆含铅量高

美国环境保护署将含铅量达到或超过 0.5%，或每平方厘米达到或超过 10 毫克的油漆都视为含铅油漆。我国《室内装饰装修材料内墙涂料中有害物质限量》则规定，内墙涂料中可溶性铅不得高于 90 毫克 / 千克。

中国建筑装饰协会副秘书长王毅强表示，油漆中的铅一旦通过呼吸道、消化道、皮肤等途径进入人体，就会在血液中持续累积，引起贫血、记忆力下降、高血压、关节痛等毒性反应。据测定，指甲大小的油漆碎屑就含 50 毫克铅。

王毅强表示，含铅油漆主要是由油漆颜料中含有的铅化合物造成的，如黄丹、红丹和铅白等。由于其能使油漆颜色持久保持鲜艳，所以，越是颜色鲜艳的油漆，越可能含有大量的铅。王毅强介绍，曾有机构做了一项测试，在 23 个含铅油漆的样本中，橙色油漆的含铅量最高，剩下依次为黄、绿、棕色等。

有一些简单方法可以预防铅中毒，如每周定期清洗地板、窗台，吸地毯；敦促儿童经常洗手，尤其是在吃东西前要洗干净；确保儿童饮食中铁和钙的高含量以及低脂肪，都能使儿童较少吸收环境中的铅。

王毅强提醒，消费者应尽量选用环保油漆，即使用普通漆，也要选颜色淡一点的，才能最大限度降低铅污染。

啥样的水龙头最省水

啥样的水龙头最省水，关键要看阀芯质量。市场上常见的水龙头阀芯有三种：不锈钢球阀芯、陶瓷片阀芯和轴滚式阀芯。这三种阀芯的共同特点是具有整体性，整个芯轴为一体，易于安装、维修、更换。其中陶瓷片阀芯的优点是价格低，对水质污染较小；但因陶瓷质地较脆，容易破裂，因此不建议选用。轴滚式阀芯的优点是把手转动流畅，操作容易简便，手感舒适轻松，耐老化、耐磨损。

业内人士认为，采用球阀制成的产品目前在节水方面是做得最出色的，所以，最好的应属不锈钢球阀芯，它是目前具有较高科技含量的一种龙头阀芯，它不受水里杂质的影响，不会因此而缩短使用寿命。而且钢球阀芯的把手在调节水温的区域内有比较大的角度，可以准确地控制水温，确保热水迅速地流出，既省水又节能。

家居装饰慎用有色玻璃

有色玻璃属于特种玻璃类，也称吸热玻璃，通常能阻挡50％左右的阳光辐射。如 6 毫米的蓝色玻璃只能透过 50％的太阳辐射；茶色、古铜色吸热玻璃仅能透过 25％的太阳光。因此，吸热玻璃适用于既需采光又需隔热的炎热地区的建筑物门窗或外墙体，以及火车、汽车、轮船挡风玻璃等处。可是在城市住宅区楼群中能起杀菌、消毒、除味作用的阳光，被这些有色吸热玻璃挡掉了一半，实在是得不偿失。此外，还有些住户安装了纱窗，其透光率为 70％，与无色透明普通玻璃组合，总透光率在61％左右，正好适宜，但若配上有色吸热玻璃，其透光率仅为35％，势必影响室内人们的光照要求。

还有一些住户将阳台也用有色吸热玻璃封闭住。阳台是居室直接与大自然接触的唯一场所，不应封闭，更不可用有色玻璃装饰。人们如果长期生活在蓝灰色、茶色等弱光环境中，室内视线质量必然下降，容易使人身心疲惫，对健康将会产生不良的影响。

室内装修宜采用高透光率的普通窗玻璃，窗外配装开合方便的遮阳设备，室内可装透明或半透明窗帘和不透明窗幔。这样，既能起到挡风、避雨、隔热、吸声等良好作用，又可充分享受阳光的沐浴。

智能马桶盖你家能装吗

智能马桶盖价格差在于细节和用料

智能马桶盖分不同品牌，不同档次，价格差距也不小，从几千元到上万元。其实，不管是哪类品牌的智能马桶盖，其功能都大体相同，即包括水冲洗、温水调节、座圈加温、暖风烘干等。

形成价差的主要原因是品牌不同及各品牌所用的陶瓷、五金配件和电子器件不同，这也直接导致价格定位不同。比如加热功能，分为贮水式加热与瞬间式加热。贮水式的原理与电热水器差不多；瞬间式加热，省电，速度也快，价格也高。被疯狂抢购的很多日本品牌马桶盖，就是瞬间加热技术。

智能马桶盖和智能马桶有什么区别？智能马桶盖就是智能马桶的一部分，智能马桶本身就带智能马桶盖，造型上更漂亮，核心功能还是在马桶盖上。但是智能马桶动辄上万元，让很多家庭可望而不可即，所以商家就单独推出了智能马桶盖，价格适中，也利于普通家庭直接改装。

选购智能马桶盖先量自家马桶尺寸

智能马桶盖销售很普遍，买卫浴、家电的市场，几乎都有销售；还有网店，包括国外的品牌，绝对够你选择。

不过，需要提醒的是，不是所有马桶都能装智能马桶盖的，也没有哪款智能马桶盖适合所有马桶的，所以买之前别忘了解一下自家的马桶。不同品牌的智能马桶盖，对坐便器的尺寸还是有一定要求的，购买时，别忘了事先测量好尺寸，并提供给商家。

最后一步安装，线下市场购买的，有售后服务，工作人员会上门帮你装好。线上购买的，就需要你多学习一下了，首先要取下智能马桶盖的本体固定板，然后用螺丝将固定板固定在坐便器上，再把智能马桶盖对准卡槽按下并固定。最后要特别提醒的是，在通水之后再进行通电调试。

智能WiFi插座慎买

在外打拼劳累了一天，回到家中无须等待便有热乎乎的洗澡水？即使不在家，打雷下雨，家中电器的电源也可以自动关闭？最近网上热卖的智能插座就能帮上忙。这些智能插座内嵌了WiFi无线网卡，可通过手机遥控设备的开关，也可以进行定时操控，让人们生活更加便捷。不过，这种设备真的有那么好用吗？

据了解，除了饮水机和电灯，智能开关在操控小功率的电器上都比较实用，不过，由于功率问题，想要操控冬天使用的一些电油汀、空调等大功率的家电，智能开关暂时无法做到。

另外，有些智能插座的使用也并不方便。不仅要下载一款插座手机软件，还要根据使用说明书配置好插座。然后还得在手机跟插座软件都有网络的情况下，通过软件对插座进行远程控制。而且一定要在 WiFi 能够辐射到的范围内才能够控制。对于老年人来说，这些操作实在是让人头疼。而且一旦 WiFi 信号不稳定，智能插座的智能作用也就无法启动。

现在市场上的智能插座多是新锐品牌，用手机软件远程遥控，而有些产品甚至连帮助文件都没能及时更新和完善。虽然现在部分智能插座新品拥有"直联"、"闪联"功能，然而因为其产品性能还不够成熟，因此安全性的问题仍然有待考量，在此建议消费者谨慎购买使用。

买消防产品要"一看二查三验"

看产品外观标识

正规消防产品表面及包装上应有清晰、耐久的标志，包括产品标志和质量检验标志。产品标志应包括制造厂名厂址、名称型号、技术系数、商标编号、生产日期及标准代号。而假冒伪劣消防产品的外观标志往往模糊粗糙，内容不全而且不耐久。

上网查红 S 标签

消防产品上有一个红 S 标签，这个标签是全国统一的，可以从消防产品网站上查到。此外，每一件消防器材都可以从统一的消防产品网站上查询到生产信息。消费者在选购时，可以通过仔细查阅器材上的红 S 标签，登录消防网站来确定该款产品是否合格。

同时，经正规厂家出品的消防产品都要有"一书一报"，即国家消防产品合格评定中心所出具的《型式认可证书》和国家消防检测中心出具的《消防检测合格报告》，二者缺一不可。

现场试验辨真伪

对于不少消防产品，消费者还可以采取现场试验的方式。

消防应急标志灯就可以现场测试，切断主电源 5 秒后，看看是否会转入应急状态。应急照明灯现场充电三四分钟后，应能持续照明 2 分钟左右。而对于消防应急灯具、消火栓箱等产品，其表面按要求都应使用难燃材料或不燃材料，这些产品也可以通过现场测试的方式辨别真伪。此外，消费者必要时还可采取抽样送检的方法，通过国家有关部门授权的检验机构判别。

五大因素影响家具甲醛释放

装饰方式。家具表面的装饰方式对甲醛的封闭作用是很明显的。在具体的实施工艺中，应注意选用低甲醛释放的胶黏剂、各种装饰材料和涂料以及合理的工艺，以确保装饰后不引发新的甲醛释放。

承载率。所谓承载率是指室内家具暴露在空气中的表面积与室内容积的比率。承载率越大，甲醛浓度就越高。因此，在功能基本满足的情况下，应尽量减少室内空间中的家具件数，从而降低家具中的甲醛散发。

扩散途径。值得强调的是，板式家具封边的重要性。设计家具时，在满足强度和结构的前提下，应尽量使用薄板。

使用环境。温度、湿度以及通风都会影响甲醛散发。在通常气候条件下，温度提高8℃，空气中的甲醛浓度将提高一倍；湿度增加12%，甲醛释放量将增加15%左右。因此，在有条件的前提下，可以利用空调和新风系统装置等来调节室内的温、湿度和新风量，从而使甲醛散发得到适度控制。

陈放时间和条件。家具的甲醛散发浓度与生产后的陈放时间呈正比，在使用之前应陈放一段时间，并且在陈放时置于高温、高湿环境，加速甲醛散发，以减少以后使用中的污染。

家装使用玻璃四提示

1. 使用玻璃要与整个家装的设计风格相搭配，比如彩绘玻璃一般用在欧式、法式的家装风格中，而透明玻璃则是现代派的家装风格中用得多一些。

2. 尽量避免在有阳光直射的地方使用，因为玻璃反射强烈，对身体不好。

3.使用玻璃的地方要注意保证私密,考虑好玻璃的配套设施,如纱帘、贴纸等遮挡物。

4.如果家中有老人或小孩,建议在玻璃墙的中段贴上装饰条或者贴膜,这样可以防止老人或小孩撞上玻璃墙或门,导致受伤。

主卫应该如何处理

现在很多户型主卧多有卫生间(简称主卫),许多设计还把卫生间的门正对着床,虽然很方便,却不知很多享受到主卫方便的人也感受到主卫带来的健康隐患,卫生间噪声、灯光常常影响了正常的休息。

主卫最常遇到的麻烦就是卫生间用久难免有一些异味,飘散在卧室里,影响呼吸和健康;其次,一般主卫没有窗户,只有一个通风口,卫生间离不开水,湿气难免进入卧室,床上用品吸收了潮气,盖起来不舒服。现代医学证实,空气潮湿利于一些细菌和病菌的繁殖和传播,最容易产生霉菌,而霉菌吸入肺部,容易引起肺炎或肺部真菌病。

那么是不是就应该放弃主卫呢?很多人都觉得毕竟这个卫生间带给大家很多方便,放弃多少有一点可惜。

可以在选择时专门挑选明卫户型。因为有了窗户,卫生间的通风问题就得到很大解决,尤其注意卫生间的门要开在侧面,不要正对着床。

卫生间里的水汽重，很容易发潮，因此墙壁、天花板等应选防水防霉的材料，特别是瓷砖缝隙，为避免发霉可刷上一层防水剂。

卫生间里一定要安装排风扇，如果没有安装排风扇，洗完澡后应将门关上，不要让湿气扩散到卧室里，等水汽凝结之后，再进去擦干。

另外吸湿盒、除湿包等防潮除湿干燥剂，也比较适合放在卫生间内。

三招补救装修缺憾

缺憾一：色彩过杂。装修用色杂乱是不少年轻人遇到的问题，其实想补救并不难，只要搭配纯色家具，比如白色、原木色等，就能起到视觉中和的效果。其实墙面用白色最保险，白色具有自然、舒适、柔和的特性，而且还易于与其他家居用品搭配。

缺憾二：电视墙缺乏创意。如果业主对家里的电视墙不满意，完全可以通过后期的软装饰来弥补，比如在墙上挂上富有创意的装饰画或者挂钟等。现在比较流行的手绘画也可以通过二次装饰为失败的电视墙换上美丽新装。

缺憾三：插座安装太少。在安排电源插座的位置之前，应该尽可能准确地将所要摆放的家具尺寸提供给水电工。在不影响美观的前提下，如果不能准确确定位置，那就尽可能多预留几个电源插座，将来早晚用得上。对于装修好的房子出现的插座装得太少的遗憾，专家建议说，入住后如果发现插座不够，应该多买几个排插，为了居室的整洁，排插应尽量放在柜子、沙发或者电视机等大件物品后面。

美化装点别致玄关

条案。在条案上放个与其风格一致的小木柜，比如弧形实木小柜，不但能为简单的条案带来些生气，还能增加玄关的收纳作用。如果不用条案，可在玄关倚墙放个小台桌；如果玄关空间够大，选用圆弧形的壁桌则更显华贵。

衣帽架。如果想保留玄关的真实与自然，最简单实用的方法就是摆放一组不占地又有储藏功能的立式衣帽架。

柜子。玄关面积不大，许多人会在这里摆放一个方正的大柜子，如果在柜子的造型上稍作改变，如将方正的柜子改成斜三角形、倒梯形……存储的东西不少，却显得更轻巧。

布艺。可更换玄关条案上的一条桌布，或在古旧风格的鞋柜、座椅上铺设一块具有异国情调的花布，或在墙面上悬挂一块民族色彩浓烈或抽象的布艺，都可能打造令人耳目一新的风景。

镜子。墙面上挂一面造型新颖的镜子，既可扩大视觉空间，又可在出门前整理妆容。不过，镜子与矮柜在设计上应相互呼应，还可根据需要调整角度；另外，别致的相架、精美的座钟、古朴的瓷器等都是不错的选择。

家装　隐蔽工程更要靠谱

　　水管是一项隐蔽工程，一旦家装过程中铺设完，日后就很难进行维修。为了能一次到位，避免未来出现问题，选购质量好的水管非常重要。怎样的水管才是靠谱的呢？

　　常用材质：家居装修水管普遍选用 PPR 水管和铜管。铜管价格较高，相当于 PPR 管的 4 倍左右。

　　位置：家居装修铺设水管应尽量避免从地面上铺，最好从顶上或者墙上走线，管材用量可能稍微会增加，但有利于日后的管道维修。

　　分类：冷热水管的管壁厚薄不一样，冷水管不能用作热水管，分辨冷热水管的简便方法是热水管上有一条红线标记。家居装修选购水管要注意管径和壁厚，一般总管要用 6 分管，分管可选用 4 分管，为了保证用水量，分管也可以使用 6 分管。

　　询价：PPR 管材的标准长度为每根 4 米，买的时候要问清楚商家说的是每根管材的价格还是每米管材的价格，管材送到以后要记得抽查管材的长度是否符合要求。

　　《家居装饰装修工程质量规范》对试压的时间和压力大小有这样的规定：新装的给水管道必须按有关规定进行加压试验。金属及其复合管试验压力 0.6MPa，稳压 10 分钟，管内压力下降应不大于 0.02MPa，无渗漏；塑料管试验压力 0.8MPa，稳压 20 分钟，管内压力下降应不大于 0.05MPa，无渗漏。

橱柜　聪明选配更禁脏

柜体：烤漆材料易清洁

常用的柜体材料有实木、金属、烤漆、树脂板、高分子聚合物等。从容易清洁的角度来说，烤漆是制作箱体首选的材质。如果选用实木材质，应该注意实木柜体表面涂料油漆的涂刷效果，涂刷不严密容易导致水分或油烟侵袭。

另外，不锈钢材质的表面容易留下手印、划痕，需使用专用清洁剂轻轻擦拭，打理起来比较麻烦。

台面：选择密度高不渗漏材料

市场中常见的台面有人造石、石英石、大理石。人造石最大的优点在于它是粘接打磨一体的无接缝安装，不易划伤，不易渗透，颜色多，是台面的首选材质。石英石最坚硬，不易渗漏油污，但由于其不能弯曲和打磨，会有接缝出现，如果选择石英石，需注意安装工艺，避免卫生死角。

此外，台面设计尽量简洁，减少复杂造型，尤其是台面前沿和后挡水等容易藏污纳垢的地方，不应有过多线条。

管道：要留下手工清洁的回旋空间

橱柜安装时要尽量避开管道，保持橱柜的完整性。有管道在橱柜里穿过的地方，要留下用手伸进去清洁的空间，这样可以有效减少卫生死角。

踢脚板：严密不留缝隙

地面与踢脚板下沿处应该在安装时保持严密，不要留下缝隙，否则一旦残渣污物进入橱柜底部，很难清理。

柜体内角：处理成圆弧便于打扫

使抽屉和柜体内的角部交接处从直角变成圆弧，抹布一擦便把污垢轻松带走，不会残留积聚在角部。

厨卫吊顶少用石膏板

目前市面上常见的厨卫吊顶的材料包括铝扣板、塑钢板、防水石膏板以及木板。

其中，铝扣板由金属材料制成，又可根据材料分为铝合金扣板、铝镁合金扣板、铝镁锰合金扣板等。塑钢板是以 PVC 为原料的高分子吊顶材料，用在卫生间有一定的防水、防潮、防蛀性能，但不耐高温，不适合厨房使用。而防水石膏板，在普通石膏板基础上增加了一定的防水性能，相比其他材料具有更好的审美效果，但防潮效果一般，用在通风较差的厨卫间里可能会起翘、发霉，增加清理的难度。

厨卫吊顶要具备防水、防潮、防蛀、耐油污、耐高温、阻燃性等性能。材料选择也应该多考虑实用性，综合多方面因素。比如经常做饭的家庭、卫生间较为封闭的家庭或者通风不够好的家庭，尽量不要选择石膏板，否则只会增加日常清理的频率。

壁纸用久了 "面子"不好看

不少家庭用壁纸装饰墙面，有些壁纸贴了好几年都不加以清理，不仅使漂亮的壁纸蒙尘，还会缩短壁纸的使用寿命。平时要注意对壁纸进行清洁和保养，最好每隔3～6个月就彻底清洁一次。

清洁壁纸时，先用掸子或吸尘器清理掉表面积聚的灰尘。将清洁剂用清水稀释，倒进喷壶内，均匀地喷在壁纸上，用半干半湿的抹布顺着壁纸的纹路擦拭，不要斜着擦或转着圈擦，以免将污渍涂抹到其他区域。还可以用橡皮沿着壁纸纹路擦拭污垢。一些不易清除的污渍，最好使用壁纸专用清洁剂。将壁纸清洁完后，再用干净的干抹布擦拭，擦掉表面的清洁剂和水分。

日常还要注意壁纸的保养，避免热气对着壁纸吹，避免强光照射，避免壁纸开裂、变色的情况出现。如果壁纸出现翘边，可用专用的壁纸胶粘贴。如果出现起泡的情况，可以用注射器将胶水慢慢注入起泡位置，再轻轻向下压平，然后擦去多余的胶水就可以了。

没味儿的污染更要防

"装修完，打开门，一股刺鼻气味就扑过来了，肯定是污染超标……"闻味判断装修污染状况已被人们熟知。然而您可能忽略了，装修中很多没味儿的污染更要防。

油漆和胶黏剂中含有苯系物。苯系物是一种无色透明的致癌物，不仅没有刺鼻的气味，浓度高时还略带芳香。如果在家里常感到莫名的困意、头晕、心跳加快，甚至神志不清、抽搐等，就要警惕苯污染了。装修使用的各种涂料、油漆，板材、家具里的胶黏剂中，都可能含苯。国家室内环境与室内环保产品质量监督检验中心主任宋广生表示，短时间吸入大量苯可造成急性轻度中毒，表现为头晕头痛、恶心咳嗽，长期低浓度接触苯可发生慢性中毒，致再生障碍性贫血，甚至白血病。装修要彻底避免苯不太可能，不过可以减少苯污染：选胶黏剂少的家具，精简装修；用污染少的水性涂料，少用油漆；家具尽量买成品，少在室内做需要刷漆的木工活；涂料未干透时少待在室内，常开窗。

水泥或混凝土的防冻剂中含有氨。氨是一种无色气体，虽然本身具有刺激性气味,但人们长期接触后对低浓度的氨很难察觉。如果清晨起床时，常感到憋闷、恶心、口鼻难受、头晕或者家人

123

共患过敏性鼻炎、咽炎，而离开家后，症状就明显好转，就要警惕氨污染了。尿素中含有氨，而尿素是很好的防冻剂原料，尤其在冬季建筑、装修施工中需要用到混凝土、水泥时，就可能会有氨污染。虽然国家已经淘汰了这种防冻剂，但不排除有些地方仍在使用。如果发现有氨污染，要适时多开窗通风。

石材会释放氡气。氡是一种无色无味的放射性气体，在家居环境中，主要来自花岗岩、水泥等建筑材料以及天然气。有的新婚夫妇长时间不孕不育，却查不出原因，就需警惕氡污染了。长期处于氡的放射环境下，呼吸系统会造成辐射损伤，可能诱发肺癌、白血病、不孕不育等。在装修时，除了尽量选择放射性低的装饰材料，室内装修少用或不用大理石、花岗岩等石材，厨房地面装饰可以选用瓷砖或地板等污染少的建材；通风换气也是降低室内氡浓度最有效的方法。

墙纸防潮要趁早

要做好墙纸防潮，就要从装修时抓起，打好基础就能有效避免日后的许多麻烦。

第一步：首选透气材料。目前市场上墙纸的材料众多，无纺布的、木纤维的、PVC（聚氯乙烯）的、玻璃纤维基材的、布面的等，相对而言，PVC材质的墙纸最不透气，最容易将墙体排出的水汽闷在里头，时间久了就容易形成霉点。

第二步：保持墙面干燥。墙面必须保持干燥，新水泥施工一般须保养 20~40 天，才能够进行墙纸的铺贴。值得注意的是，装修时要注意别让不规范的施工将不适合墙面粉刷的海砂混入。在张贴墙纸前，需要先把基面处理好。如果是二手房翻新，墙壁的缺口必须填平，否则壁纸容易空鼓。

第三步：把关铺贴质量。壁纸一般是有各种花样的，铺贴时必须注意两张壁纸之间是否有较大的缝隙，拼花是否有对齐。另外，铺贴时浇水等会润湿墙纸，干透后会有一定的收缩，要留好伸缩位。墙面的收缩缝尽量不要开口对着迎风口。

第四步：不忘持续保养。施工期间及施工结束后 24 小时内勿将窗、门全开。通风过大会造成墙纸急剧干燥、收缩不均匀，引起接缝处开裂。铺贴 3 天后，要注意调节通风。为防止潮气进入，白天应打开门窗，保持通风，晚上则尽量关闭门窗。

装修整体厨房要注意啥

整体厨房，是将橱柜、抽油烟机、燃气灶具、消毒柜、洗衣机、冰箱、微波炉、水盆、抽屉拉篮、垃圾粉碎器等厨房用具、家电进行系统搭配而成的新型厨房形式，在装修时有不少注意事项和细节。

洗衣机靠墙放，做出高度差。由于厨房台面至地面的距离一般为 80~85 厘米，这与市场上主流的滚筒洗衣机的高度相仿，将洗衣机嵌入橱柜内部，便会导致台面高度上升10厘米左右。在装修时，要事先定好洗衣机的高度，并将其放置在靠墙的位置，单独做高台面，其余部分台面正常做，这样做出部分高度差，可以在高出的台面上摆放物品，其余部分正常使用。

微波炉上部、后部留散热空间。微波炉在加热的过程中，自身会释放大量热量，如果散热不佳，不仅会降低产品的工作效率，损伤其使用寿命，还可能会引发火灾。因此，定制橱柜过程中，要先定好微波炉的尺寸，并在微波炉的后部、上部预留出充分的散热空间。

烤箱别放在灶具下面。烤箱放在灶具下面，长期受热，可能会影响机器的性能或者引发火灾危险。另外，放在下面的柜子中，不仅不便于观察、取放食物，还可能导致烫伤。烤箱最好与微波炉上下排列，放置在一侧柜子里。

冰箱要在侧面留出电源走线的位置。嵌入式冰箱的尺寸一般与橱柜契合得较好，不用担心放不进去，不过，由于嵌入式冰箱的进深一般与橱柜一致，其与橱柜背板间空隙不大，不便于插座走线。一般可以从冰箱侧面连接电源，因此要注意在橱柜适当位置留孔。在设计橱柜时，要事先量好尺寸，确保整体外观协调、美观。

抽油烟机不用做成嵌入式的。为使厨房风格统一，有些人在抽油烟机外部也做了吊柜，将其包起来。事实上，这样有些多此一举。烹饪过程中会产生大量油污，吊柜不但不能避免抽油烟机粘上油污，反而增加了额外的清洁工作，拆卸起来也很不方便。

另外，做了吊柜，还使该处空间显得局促、狭小。因此，抽油烟机正常安装即可，无须嵌入橱柜里。

如何打造开放式厨房

建议一：空间改造要巧。每个厨房空间都有防火墙或过顶梁等基本结构，对厨房隔墙改造时，一定要考虑这些情况，做到"因势利导，巧妙利用"。比如，可以考虑保留过梁，将它改造成"开放式厨房"的吧台灯光顶。

建议二：家具橱柜风格统一。如果你家的开放式厨房是餐厨客一体式的，那就要考虑客厅、餐厅的家具与厨房家具风格是否和谐。你可以寻找经营项目全面一些的装修公司，帮助你尽量做到家具和橱柜在风格上和谐一致。

建议三：留出足够回转空间。在开放式厨房间摆放餐桌椅时，必须注意要留出烹饪操作空间，当餐椅拉出餐桌时，一般的餐桌椅至少要占 2 米的宽度，再加上橱柜的进深，这就要求开放式厨房的长或宽一边至少要在 3.6 米以上。

建议四：通风除烟很重要。在为开放式厨房选择炉具时，应考虑选用不会产生太多油烟的厨房用具，因此，大功率、多功能的抽油烟机是开放式厨房不可缺少的"除烟卫士"。

开放式厨房的台面上不应放置过多炊具。因此，橱柜的储物功能尽可能设计得多一些。

另外，开放式厨房的窗户最好要大一些，这样能确保通风良好，以减少室内的油烟味。

顶楼如何缓解炎热

就建筑结构来说，在烈日下，顶楼的屋顶表面温度一般可达到65℃以上。对已经入住的业主来说，不妨在房间装修上做做文章：在屋顶的天台上架设遮阳黑网；尽量创造良好的通风条件，避免窝风，有穿堂风的房间会凉快一些；安装双层玻璃或真空玻璃的窗户，隔热效果较明显；居室色调适宜选用浅色或冷色；地面可以部分采用地砖，而不是铺满地板。需要注意的是，装修时不要破坏保温外墙，否则会影响墙体隔热。

在这个基础上，巧手稍加点缀也会给夏日增加一份凉爽。比如，在窗外加装遮阳防雨棚，可阻挡阳光直接照射，大约能减少屋内75%的辐射热。在室内使用竹帘、纱帘、百叶窗等也可起到遮阳作用，这其中，竹帘和百叶窗的效果最好，能减少约35%的辐射热。还可以在楼顶种植花木，既减少日晒又能美化环境；或在自家阳台上种植一些叶片宽大的盆栽植物或爬藤植物，在遮挡阳光的同时，还为您和家人营造了一个生机盎然的"天然氧吧"。也可以在房间内养缸金鱼，或摆放一个有流水装置的盆景，既可以有效降低室温，又能美化家居环境。

穿衣镜安装五"不"

不直照睡床：人从睡梦中醒来，在意识不清楚时，容易被映在镜子或落地窗里的自己所惊吓。镜子最好是与床头并排，可能的话，把镜子藏在柜内，用的时候才把柜门打开。

电视机的荧光屏相当于一面镜子，也最好不要直照睡床。床的两侧如果有大的穿衣镜，将容易导致失眠、惊梦等。

不直照大门入口：如果直对门口，会让人猛地感觉有人从对面撞过来，对于不熟悉环境的客人来说会吓一跳。

不能对着卧室门：这样可以避免夜里主人蓬头垢面地走过时被自己的人影吓到。

最好不要正照书桌：因为镜子容易让书房内读书的人分心。

最好不要嵌在客厅的天花板上：有的设计师认为天花板的镜子会让走在下面的人感到被踩着头顶，心里会不舒服。

买建材　莫图名字好听

购买建材进行装修，是多数消费者购房后的第一步。由于国家缺乏相关规范、商家夸大宣传，一些建材名称较为混乱，将普通建材冠以好听的名字，成为部分商家忽悠消费者的手法。比如，市场上的实木地板名称有几十种，光是檀木就有红檀、玉檀、铁檀、紫檀等，这其中有许多名称是商家自己杜撰出来的。商家之所以在名称上大做文章，为的是卖个好价钱。

北京市建材协会市场流通专业委员会秘书长刘振彪表示，2002 年 5 月 1 日，中国木材流通协会颁布了《中国市场常见进口材地板木材名称》，规定今后地板市场上不允许用木料的俗称或自起名称。销售建材商品应在产品标签上明确标注名称、材料和质地，如果颜色或是花纹仿照名贵原料制作的应注明"仿"字，以便消费者能够分辨商品。

《中国市场常见进口材地板木材名称》和《中国主要进口木材名称》中标明了世界上不存在，但木地板商经常采用的木材误导名称。可以将其概括分类为以下几种：

1. 喜彩名：金不换、富贵木、龙凤檀、金罗双等。

2. 动物名：孔雀木、虎皮木 (金、白、黄、彩)、象牙木等。

3. 混淆臆造名：柚木王、柚檀、美柚、巴西柚木、圭亚那柚木、金丝柚、红檀香等。

4. 矿物名：黄金木、玛瑙木、铁木、钢柏木、紫金刚、金柯木、金丝木、银丝木、钻石檀、玉檀、美玉木、铁梨木等。

巴劳、普纳、达茹、思美娜、宾卡多、依洛克、沙比利、贝联、格兰吉、依贝、喇叭秋、卡宾嘉等英译名，明令禁止替代木材名。

三招打造健康卫浴

招数一：瓷砖防渗防霉。卫浴间的墙壁多用瓷砖铺就，用多功能去污膏可保持其清洁亮丽。至于瓷砖缝隙，可先用牙刷蘸少许去污膏除垢，再在缝隙处用毛笔刷一道防水剂。

招数二：巧方法擦净玻璃。镜面以及窗户会因为长期与水接触而留下水印，变得模糊。用喷雾式玻璃清洁剂在玻璃上喷出一个大大的 X 形，然后把拧干的抹布折好，顺着一个方向擦一圈，等到玻璃七分干时，再用干布擦一遍。用旧报纸擦，纸的油墨不仅让玻璃光亮如初，还可把顽固的污垢一并擦掉。

招数三：给马桶做增白面膜。先在马桶内放入适量的水，拿马桶刷清洗一遍后，再倒入约 5~10 毫升的清洁剂或盐酸液，用刷子涂均匀后刷洗。如果污垢较重，可再倒少许清洁剂进行浸泡后刷洗，直至干净后用清水冲一下即可。

五个细节打造卫浴间

柜橱门面上安装镜面。为了贮存一些卫生用品，卫生间常常设置柜橱，或者在墙面上做壁柜。如果在柜橱或凹槽的门面上安装上镜面，不仅使卫生间空间更宽敞、明亮，而且豪华美观，费用也不贵，更可以与梳妆台结合起来，作为梳妆台镜使用。

洗脸盆上装上莲蓬头。人们习惯于晚上洗头洗澡，睡一觉后常把头发弄得很乱，于是在早晨洗头的人尤其是女士渐渐多起来。因为每次洗头而动用淋浴设备较麻烦，因此，在洗脸盆上装上莲蓬头，这个问题就解决了。

洗脸盆的周围钉上搁板。洗脸盆上放许多清洁卫生用品会显得杂乱无章，而且容易碰倒，因此，不妨在洗脸盆周围钉上 10 厘米的搁板，只要能放得下化妆瓶、刷子、洗漱杯等便可以了。

为老人及病人安装扶手。对老人、病人或肢体残疾的人来说，弯腰、站立等动作是比较困难的。在紧靠抽水马桶的墙壁上安装扶手，将有助于他们用厕。

利用冲水槽上方的空间。抽水马桶的冲水槽上方是用厕时达不到的地方，我们可以利用此空间做一吊柜，深度约 15 厘米，才不致给人造成不便。柜内可放置卫生纸、手巾、洗洁剂等，也可在下部做成开放式，放些绿色植物装饰。

怎样让浴室柜延长寿命

金属支腿。浴室柜如果选用木制的柜腿就容易受潮，而且会在不知不觉中将潮气引向柜体，最终会导致整个柜子变形。如果在柜体底部采用金属作为支腿材料支撑柜体，难题就被巧妙化解了。

此外铝质柜腿的"骨骼"坚强，在面盆的"压力"面前无所畏惧，防锈的特点确保柜腿接触水后不生锈。

防水材料。木质的浴室柜吸水容易变形，所以它对周围环境有非常苛刻的要求，而普通家庭的浴室一般只有几平方米的空间，不容易做到干湿分区。在选购浴室柜时，可以采用防火板、耐磨板、高分子聚合物等复合型板材作为柜面材料，它们不但具有很好的防潮性，还能模拟出实木的颜色。

橡胶封边。在柜体与柜门接触的地方，安装有防撞功能的橡胶条，冲击力可得到很好的缓冲。用多功能防撞橡胶条包裹板材的边缘，全面阻断潮气的侵袭。

五金连接。五金连接件包括滑轨、铰链等部分，虽然只是一些小配件，但承担着浴室柜开合的重任。普通的五金连接件比较娇贵，稍有腐蚀生锈就会导致柜门、抽屉打不开或关不上，而且影响浴室柜的使用寿命。

防水铝箔。浴室内面盆或水龙头遇到热气会产生大量的冷凝水，这些水会顺着台面流入柜子底部，引起柜体发霉变形。如果能及时在柜体底部加上一层防水铝箔或是橡胶垫就能解决这个难题，把它们垫在抽屉底部，在防潮的同时还能固定浴品。

哪些因素影响淋浴房价格

淋浴房底盘的造型对价格有一定的影响。在所有造型中，方形底盘最便宜，底盘形状不规则，模具造价高，淋浴房价格也会随之增高。

围栏玻璃厚度的尺寸有6厘米和9厘米两种，厚度越大，价格越高。淋浴房如果配有顶部横梁，可以起到稳固淋浴房的作用，有这种装置的价格也相对贵一些。

淋浴房的玻璃门也是决定价格的一个重要因素：推拉门式淋浴房比对开式便宜许多。一方面推拉式淋浴房门如果频繁拉动，滑轮会出现磨损老化的现象；另一方面，推拉式淋浴房门侧重于实用性。而对开式浴房门则更富于装饰性，属于流行的款式，所以价格高了一些。

此外，如果淋浴房的色彩比较鲜艳的话，价格也会稍贵一些，这是因为特殊色彩的玻璃在制作工艺上要求更高，价格自然不便宜。

背景墙安装几要点

考虑插座线路。如果是挂壁式电视机，墙面要留出装预埋挂件的位置或结实的基层以及足够的插座。专家建议最好暗埋一根较粗的PVC管，所有的电线即可以通过这根管到达下方电视柜。

考虑灯光呼应。电视背景墙一般要与顶面的局部吊顶相呼应，而吊顶上一般都要安装照明灯。因此，要考虑墙面造型与灯光相呼应，还要考虑灯光的色彩和强度，最好不要用强光照射电视机，避免眼睛疲劳。

考虑沙发位置。在安装电视墙之前，客厅沙发的位置确定尤为重要。最好是在沙发位置确定后再确定电视机的位置，此时可由电视机的大小确定背景墙的造型。

考虑客厅宽度。专家建议，眼睛距离电视机的最佳距离应当是电视机尺寸的 3.5 倍。因此，不要把电视墙做得太厚、太大，进而导致客厅显得狭小，也会影响电视的视觉效果。

飘窗台面材质大比拼

1. 石材类。人造石是最普遍的飘窗台面用材，优点是不怕潮，不会变形，维护方便。缺点是在寒冷的冬天会比较冷，如果喜欢在飘窗台面上小憩的话就一定要弄张毯子铺一下。

天然石的优点跟人造石一样，只是在价格上比人造石便宜，但值得注意的是天然石是有辐射的，大理石的辐射等级分三类：A 类辐射最小，B 类次之，C 类最大。不过选择 A 类用在室内是完全没有问题的，还有尽量不要选择颜色鲜艳的大理石。花岗岩的辐射要比大理石强烈，所以能不选就不选。

2. 木工板材类。用木工板做台面主要是冬天不感觉冷，看起来比较简洁，缺点是时间长了容易被阳光晒变形，万一遇到窗户打雨还容易受潮，到了冬天飘窗上还会有不少的冷凝水滴流到台面，也会使木工板的台面受潮变形。桑拿板在防潮的方面就解决了木工板的缺陷，但是桑拿板颜色单一，还要用其他布艺之类进行装饰。

3. 复合地板。用复合地板一定要和整体的设计相协调。用复合地板既不会怕潮，坐在上面又不会很冷，而且不贵，但是一定要注意，在装潢设计之前就一定要把飘窗的设计弄好，和地板有一个很好的衔接，收边的时候可以用实木，这样效果极佳，如果家中有剩余地板的话正好可以物尽其用。

4. 瓷砖。如果觉得人造石太贵了，就可以用地砖贴起来，和人造石的防潮效果一样，就是有两条接缝，不那么美观，可以打一个木制的小花栅栏用于装饰，但是收边的问题不好解决。

装修　电路辅料不可小觑

巧辨电线质量

业主应检查装饰公司所使用的电线是否为铜芯聚氯乙烯绝缘电线或铜芯聚乙烯护套电线，而不是铝芯电线。铝线因熔点低、电阻大，存在安全隐患。

此外，还需要关注装饰公司所使用的电线是否符合国家标准。符合国家标准的电线在其外包装上会有中国电工产品认证委员会的"长城标志"和生产许可证号。在包装上，可以看到如BVV2×2.5的字样，其中BVV是国家标准代号，即铜质护套线，2×2.5代表2芯2.5平方毫米。一般情况下，2.5平方毫米电线的荷载约 5000W，家庭一般选用此规格电线即可。

规范敷设线路

在居室装修工程中，电线的敷设方法分明敷和暗敷。塑料护套线不应直接敷设在抹灰层、吊顶、护墙板及踢脚线内，若需暗敷应加以穿管保护。

在线路敷设时，业主应观察电路是否沿最近的路线进行敷设，并采用最少弯曲，且线路应固定、排线横平竖直。需要注意的是，在电线保护管的弯曲处不应有折扁、凹陷和裂缝，这样才能方便穿线和维修，并在穿线时不致损坏电线的绝缘层。

穿线、留线有讲究

强电、弱电线路不得穿在同一根管内，一根管子也不宜只穿一根线。电线在管内不能有接头和扭结，接头应设在接线盒内。

电线在配电箱中的余量应为配电箱 1/2 周边的长度；在接线盒、插座盒、灯位盒、开关盒的电线余量应不小于 150 毫米；电线距地面距离应大于 150 毫米。电线接完后，从电线接头根部到墙面之间应保持 50 毫米以上的长度。

这样装修防白蚁

1. 项目开工前，加强场地清理，对现场进行蚁害检查，发现白蚁及时实施白蚁灭治处理；

2. 做好防水层及防水措施，尽量减少水分传散；靠近水源处，千万不可以用木、棉、麻、皮装修材料，应用瓷砖等其他替代材料；

3. 使用的家具应带腿，放置时距离墙壁 3 ~ 5 厘米，不要与墙体做在一起；

4. 在装饰装修施工过程中，应督促施工单位及时清除场地遗留的废料及垃圾，搞好卫生，防止白蚁滋生；对搬入室内的家具、木质工艺品、绿化盆景、书籍等加强白蚁检查，发现白蚁立即杀灭；

5. 重视房屋外围绿化、卫生、排水等管理。

木门保养小常识

使用木门时，不要在门上悬挂过重的物品或避免尖锐的物品磕碰、划伤。开启或关闭门时，不要用力过猛或开启角度过大，以免造成损坏。保养带玻璃的木门时，注意不要将清洁剂或水渗入到玻璃压条缝隙内，以免压条变形。

注意木门的棱角处不要过多地摩擦，否则会造成棱角油漆脱落。

为保持木门表面光泽和使用寿命，应定期进行清洁、除尘。

春冬季，要注意室内通风良好，保持室内湿度，使木门处于正常的室温、湿度下，防止产品因湿度、温度差过大而变形，金属配件出现蚀锈，封边、饰面材料脱落。在冬季，使用电暖气或其他取暖设备时，要远离木质产品，以免使其受热变形或表面损伤。

谨防家具辅料含毒素

塑　料

塑料在家具中常以抽屉、拉手、铰链等构件的形式出现。如果处理得当，它对室内的污染极少，否则，对环境的污染却不容忽视。

通常，塑料中的某些添加剂，如稳定剂、软化剂、颜料和防火剂等存在一定的有害物质。这些有害物质可溶解于脂肪，被带入食物链，并存储于脂肪组织中，会对大气环境造成污染。因此，以铅、汞等重金属或它们的化合物为基础的添加剂是禁止使用的，消费者在购买时要看清产品成分。

玻　璃

玻璃本身对环境没有危害，但铅装玻璃则相反。铅装玻璃是指玻璃嵌入铅制金属框架而成的构件，多见于带有玻璃的边桌或柜体中。由于铅能积聚于植物或生物链中，因此，其生产过程与生产废料对环境均有一定危害。消费者在选购时，不妨多问多看，避免错买带有铅装玻璃的家具。

灭菌剂

原始木材本身没有任何污染，但如果在制作木材时做了灭菌处理，那么所使用的灭菌剂就有可能释放出有害气体。因此，最好选择用干燥法灭菌的产品。

打造清爽的厨房

收放自如，释放操作空间

设计橱柜时足够的"桌面"格外重要，起码能容纳一个切菜板、两盘煮好的菜和一些待用材料的空间。否则，就会给人转不过来的感觉。可以考虑在设计上加上收缩功能的工作板，要用的时候拉出来，用完了就马上退回去。

"黄金三角"，设计基本功课

"黄金三角"，就是说你的炉灶、水池和冰柜要成三角形。三角形里的空间就是你站立的位置。那样，你就不需要来回地跑，只要一转身就能拿到需要处理的材料。这对于面积大的厨房尤为重要。

收藏空间，从门后解放

收藏空间主要有两种：壁橱式和抽屉式。壁橱式就是打开一道门，门后是收藏空间，通常我们得爬高钻低地把东西往里塞。抽屉式其实是把收藏空间从门后解放出来，不劳你低头弯身，需要的物件就直接出现在你面前。但是挑选的时候，还要特别留心配件的材质。理想的材质能承受合理的重量，并且不会让部分空间留在你看不见的地方。

藏起来吧，除了那瓶花

有些人喜欢把面包、零嘴、酒油糖盐，统统放在工作台面上，这样不仅凌乱，而且由于厨房油烟，很快就显脏了。除了一瓶花，一切零散的东西，都应该放进相应的收藏空间。

"顶天立地"，越平整越干净

门上、壁橱的板上，最好不要有任何凹凸花纹。因为每一条凹坑里都有藏起油污的可能，会增加打理的难度。定做的话，应该尽量"顶天立地"，不光是扩大了储存空间，更省去了清洁壁橱顶部和底部的麻烦。

卫生间整改四方案

门框下镶不锈钢片可防潮

卫生间的门经常处在潮湿的环境中，门框下方不知不觉地会腐朽，如果在门框的下方镶嵌上不锈钢片就可以防潮了。

面盆上装花洒或抽拉式龙头

很多人习惯在早晨洗头。如果仅为了头发的清洁而动用整套沐浴设备实在很麻烦，所以不妨在面盆上装上花洒或是抽拉式龙头，就像在理发店享受的待遇一样！

垛子可以打洞放物品

有的卫生间因为包管道和通风，会凭空多出一些颇占空间的垛子，虽然不能拆除，但完全可以"变废为宝"，比如在浴缸周围的垛子上打几个尺寸一样的凹洞，这样洗浴用品就有了藏身之处。在凹洞处铺上与周围墙壁相同的瓷砖，既美观又扩大了储物空间。

坐便器上方做吊柜

在不影响如厕的情况下，我们可以利用坐便器上方做一个吊柜，柜内可放置卫生用纸、手巾、洗涤剂、女性卫生用品等。

清

洁

四类空气净化剂的特点

一、化学反应类：利用化学原理，直接与空气中气态污染物反应，净化空气。按其使用方法可以再细分为三小类：喷洒型、涂刷型、放置型。

1. 雾化喷洒型：利用压力雾化喷射，使液体制剂雾化、挥发、弥散于空气中，和居室、车厢和室内公共场所空气有效混合，同时与其中有害气态污染物进行反应，起到净化空气作用。市场上产品主要为（室内）甲醛清除剂、（室内）挥发性有机化合物清除剂、氨清除剂等。

2. 涂刷型：直接涂刷于家具和装修材料表面，使其渗透入材料内部，对释放出气态污染物的污染源进行直接处理（内部化学反应和表面封闭作用），起到降低室内污染物浓度的作用。市场上产品主要为（家具）甲醛清除剂、（家具）挥发性有机化合物清除剂等。

3. 放置型：直接放置于室内，靠其本身的挥发性和气液接触，与空气中的污染物进行反应，起到降低室内污染物浓度的作用。市场上产品主要为二氧化氯型（室内）甲醛清除剂、（室内）挥发性有机化合物清除剂、室内污染物清除剂等。

二、物理类：利用物理吸附作用，吸收空气中气态污染物，净化空气。市场上产品主要为：活性炭、竹炭、分子筛、吸附球等。其使用方法主要为放置。

三、物理化学类：通过物理反应对空气中气态污染物进行吸收，然后利用此类产品表面的纳米粉体材料通过光催化的作用，对吸附在其上的污染物进行分解，从而起到净化空气的作用。市场上的产品主要为：光触媒、纳米光催化涂料等。

四、生物类：利用生物菌的活性，处理空气中气态污染物，净化空气。市场上产品主要为：甲醛清除剂、挥发性有机化合物清除剂、苯清除剂、氨清除剂等。常规生物类产品效果比较明显的使用方法是直接雾化喷洒，其次为涂刷。

净化室内空气五妙招

过滤空气。利用具有过滤网的循环装置过滤空气，可以尽量多地过滤掉微粒。可以选择一台空气净化器，带有过滤器的空调效果更好。

控制宠物皮屑。宠物皮屑容易诱发过敏症，也会加剧呼吸困难问题。如果你正饲养着宠物，至少要做到侍弄宠物后洗手，且不要把宠物带进卧室。

切断化学物质。味道过重的清洁剂或许会成为新的过敏原。这就要求选用食醋或老式肥皂及清水，基本原则是选用没有芳香气味的东西。还要避免使用发胶、香水、胶水、油漆和空气清新剂。

远离尘螨。尘螨能诱发哮喘，加剧肺部疾病。推荐使用防虫床垫和枕套，选用泡沫乳胶枕芯，而不是鹅绒或羽毛枕芯。

防止霉变和霉菌。霉变也是造成肺部疾病的诱因。要把房间湿度保持在一个相对较小的范围内，大约 40%。可以考虑采用抽湿器。

释放臭氧可以净化室内空气

一种价格低廉、号称能用臭氧杀菌的"袖珍空气净化器"在网上热销。环境健康专家表示，臭氧本身就是空气污染物，过量释放反而会加剧室内空气污染，危害人体健康。

新公布的《环境空气质量标准》明确指出，臭氧是空气污染物之一，并有严格的浓度限值，达标标准为每小时浓度小于 200 微克/立方米或者 8 小时平均浓度小于 160 微克/立方米。北京大学和清华大学的多位环境健康研究专家表示，目前市场上主流的空气净化器主要采用负压吸收室内空气，通过机器内置的 HEPA 过滤网进行细颗粒物过滤，然后再释放回室内的原理，"过滤网材质和使用寿命不同，会导致过滤效果不同，但肯定达不到他们宣传的 99% 以上的效果"。至于那些释放臭氧消毒的袖珍净化器，专家明确表示，不建议使用，臭氧的消毒效果固然不错，但一旦释放量超标，极易伤害人的眼睛和呼吸道黏膜，危害人体健康。

卧室扫除"时间表"

美国"真简单"网站刊文告诉你什么时候该打扫房间，并总结了一些易被忽略的小细节——

每天都需要打扫的

整理床铺：起床后别忘了抖一抖被子，使被窝里湿热的空气尽快散去；再用床刷将床单上的皮屑扫净。这样能降低细菌在被窝里大量繁殖的概率，并为夜晚尽快入睡提供有利环境。

擦床头柜：卧室里每天都有灰尘沉积，而床头柜不仅容易积聚灰尘，还离头部很近，若不每天用湿抹布擦，灰尘很易随着呼吸进入体内。

整理衣服：睡前要将脱下的衣服折叠或挂好，只需十几秒钟的时间，就能让卧室更整洁，令人第二天起床时更从容；脏了的衣服千万不要随意放，最好收在带盖子的脏衣篓里，以免破坏卧室环境。

每周打扫一次的

清扫灯上的灰尘：灯具易吸附灰尘，随着人们在室内的活动，灰尘还会掉落下来，每周可以用电吹风或鸡毛掸子将灯上的灰尘掸落，再开始整个房间的清扫。

更换床单：脏床单就是病菌的"大本营"，如果不及时更换，可能引发过敏及皮肤病等。床单最好每周换一次，换下来的床单要用60℃以上的热水浸泡洗涤 15 ～ 20 分钟，洗后要及时烘干或晒干，才能达到杀菌的效果。

清扫暖气缝隙：暖气缝隙、空调通风口极易积聚灰尘，并随着热气的升腾或空调的换气"污染"整个卧室。每周应该用吸尘器仔细清理这些地方，必要时要将空调的过滤网摘下用水清洗。

擦家具：每周用湿抹布将卧室内的家具、门窗等彻底擦拭一遍，不要忽略相框、开关、窗户缝隙、门框顶部及把手等小细节。

擦地板：用吸尘器清扫地毯或用湿抹布擦地板，赶走最后的灰尘。

打开衣柜：衣柜容易受潮，若总将脏衣服放进衣柜，还会加速发霉。每周要用吸尘器去除衣柜内的灰尘，并在打扫后打开衣柜通风。

每个季度打扫一次的

擦窗户：如果窗户蒙有一层灰尘，会阻挡阳光，影响室内光照，降低紫外线对卧室内物品的杀菌效果，因此，应该至少每个季度擦一次窗户，明亮的窗户还会让人心情变好。

翻转床垫：每三个月将床围拆下清洗，用床刷扫除床垫上的灰尘、皮屑，并把床垫翻转，以防时间久了床垫变形，影响睡眠质量。

带水空转清洗洗衣机槽

市面上近年兴起的洗衣机槽清洁剂的主要成分是过碳酸钠、表面活性剂、螯合剂、激活剂、香精等。

环保专家、国际食品包装协会秘书长董金狮表示，洗衣机槽清洁剂中的主要成分过碳酸钠是种漂白杀菌剂，表面活性剂则多是月桂醇硫酸钠、月桂酸单甘油酯等去污剂，它们能够增加溶解作用和增亮作用，去污性很强。

北京市洗染协会专家呼立民说："我们一般不使用洗衣机槽清洁剂，酸性物质对洗衣机机槽、设备、管道本身有一定的腐蚀性。日常清洗中，我们一般使用带水脱洗，空转一遍来进行物理冲洗。"

而在正常的洗衣过程中，都是衣服先要浸泡一阵子，才会加入洗涤剂。呼立民表示，现在的洗衣粉、洗衣液中一般都添加了抗硬水成分，可以除去清水中的钙、镁离子，即水垢，不需要再用洗衣机槽清洁剂去除水垢。如果需要消毒的话，使用 84 消毒液或者一定的升温进行消毒杀菌即可。

清洁餐具必学妙招

玻璃餐具

因为玻璃是易碎品，所以清洗的时候应该先在水槽底部垫上橡胶水池垫或一块较厚的毛巾。

带装饰的玻璃餐具，可用牙刷蘸上洗洁精去除装饰部位缝隙中的污垢；顽渍可用柠檬切片擦除，或者在醋溶液中泡一会儿再清洗；玻璃用品不耐划擦，所以清洗的时候不要用金属质清洁球。

有茶垢的玻璃杯可取少许白碱轻轻搓洗，再用清水冲洗干净。

木制餐具

木制餐具使用后，应先用冷水浸湿的海绵或纸巾擦拭处理后再清洗。清洗的时候，千万不要将其放置水中久泡，更不要放入洗碗机中清洗。漂洗并晾干后，要涂抹植物油进行保养。木制餐具容易使食物串味，所以清洁过后，可以用一片柠檬擦拭表面来驱除异味，或用小苏打与热水混合成溶液进行擦洗。

不锈钢餐具

很多人使用和清洗不锈钢餐具的时候不太注意方式，结果导致人为的损坏。比如用钢丝球清洁，导致餐具表面留下划痕；还有的人用强碱性或强氧化性的化学药剂，如苏打、漂白粉、次氯酸钠等进行洗涤，这都是不正确的。

其实要解决一些顽固污渍，不锈钢专用清洁剂便可以轻松搞定。一些环保而实用的小技巧亦可以解决大问题。比如把做菜时切下不用的胡萝卜头在火上烤一烤，用来擦拭不锈钢制品，不但可以起到清洁作用，而且不伤表面。做菜剩下的萝卜屑或黄瓜屑蘸清洁剂擦拭，既能清洁，还能起到抛光的作用。

瓷质餐具

清洗瓷质餐具前可先将餐盘上的食物残渣做简单的清理，然后再用加了清洁剂的温水洗净、晾干即可。对于有描金装饰的瓷器，最好避免用洗碗机清洗，以防损坏装饰物。如果污渍较顽固，可多泡一会儿，再用软布蘸上洗洁精擦拭，便可光洁如新。

骨瓷餐具不要用洗涤剂洗，用温水洗就行了。因为骨瓷产品的主要成分是碳酸钙，它作为碳酸类沉淀物可以和酸反应产生气体二氧化碳，用洗涤剂洗，可能会腐蚀餐具。

家中最脏的地方

全球卫生理事协会对澳大利亚、加拿大、德国等 9 个国家的 180 个家庭进行家庭卫生调查，结果显示，家中最脏的地方是浴室的密封胶，而冰箱则成为第二大污染重地了。

密封胶：清洁试试"酸碱吹"。洗手盆、沐浴间与地面、墙面间的胶条就是密封胶，因为太不显眼了，清洁时易被忽略，如果浴室通风又不好，那就成细菌窝了。在擦洗手盆、坐便器时，记得也要将密封胶一起清洁，还可定期做个"酸碱吹"。

碱，即用碱性洗涤剂清洗，它有很好的去污作用；接下来是酸，能杀灭一些细菌。中日友好医院皮肤病与性病科主任医师姚志远介绍："我们不妨一个月就自己用碱性洗涤剂清洗后，再用醋水擦洗一遍，然后用清水擦洗干净。"

在用除污的洗涤剂清洁后，应该开一会儿浴室的窗户来通风，以便干燥，防止生霉。

冰箱：三四个月"翻翻底"。建议冰箱一个月清洗一次，而且，不要只清洗隔板，而是要整个清洗。姚志远说："还要避免生、熟食物混放，蔬菜最好清洗后用保鲜膜包好再放。"另外，有霜的冰箱最好三四个月除霜一次。

另外，家中清洁时容易被忽略的还有水壶柄、水龙头等，很多人接触肉类或没有清洗的蔬菜后，没有洗手而直接抓水壶柄，擦洗的时候却会忽略掉这些不显眼的地方。

家里何处最招灰

床下。床下是最易被忽略的位置，但其隐藏的灰尘却危害不小。人们每天睡眠 7 ~ 8 小时，这些灰尘可能通过呼吸进入人体，引发哮喘、鼻炎等。床下最好每周清洁，戴上口罩，把湿抹布裹在晾衣竿上，伸入床下清扫。另外，每天穿的外套最好别带入卧室。

电视或电脑后部。电视或电脑后部似乎总是布满灰尘，它们与电器辐射掺杂在一起，形成"电子雾"。这些灰尘如不及时擦拭，容易附着在人的皮肤上或被吸入肺里。家电周围最好每天用吸尘器清洁，用干布擦净电器和插线板表面的尘土。

沙发垫下。不少人都喜欢坐在沙发上边看电视边吃零食，沙发垫下可能会藏着不少食物残渣，容易滋生细菌。人们从外面回到家也往往会先坐在沙发上，衣物携带的灰尘都可能通过缝隙落入沙发垫下。这些脏东西会随着人们的活动被扬起，吸入肺里。因此，除定期清洗沙发套外，还要注意清理沙发垫下。皮质沙发可以用拧干水的湿布擦拭，布艺沙发用吸尘器清洁。

暖气片中间或后部。暖气片通常靠近窗户或墙壁，很容易落灰，尤其是当冬季暖气开启时，周围墙壁很容易变黑，暖气片周围的灰尘会随着温度升高被扬起，散布到空气中。暖气片及其周围最好每隔两三天用湿布擦拭、清洁，冬天应该擦拭得更勤些。不要在暖气片上晾衣物或堆放杂物。

很多纸巾藏着细菌

当你用纸巾擦嘴、擦手的时候，看似洁净的纸巾也有可能将更多细菌带给你。北京市工商局发布"2012年度流通领域纸制品质量监测结果"，在卫生纸、卫生巾、纸巾（含湿巾）、婴儿纸尿裤、纸杯5类纸制品中，共检出43种不合格产品。究竟如何挑选、使用生活用纸呢？

卫生纸：乳白色、不掉粉才是好纸。国家规定，卫生纸特指

"厕所用纸"，与纸巾纸执行的卫生标准不同，前者的细菌菌落总数要求小于 600 个 / 克，而后者应小于 200 个 / 克。因此不能将卫生纸用来擦手或擦嘴。一般情况下，好的卫生纸应为乳白色，纸质不粗糙，没有洞眼或杂质，使用时不会掉粉。有些散装出售的卫生纸，由于拆了外包装，缺少了应有的保护，容易沾染细菌，建议尽量不要购买。

纸巾纸："100％纯木浆"不一定最好。纸巾纸、餐巾纸的生产原料主要有棉浆、木浆、草浆、白纸边（未印刷的纸边）等，其中棉浆是最好的，木浆其次，草浆和白纸边差一些。还有些"纯木浆"其实是回收纸，国家规定回收纸不能用于生产纸巾。纸巾纸不能太白；将重叠的纸巾纸剥离后，每一单层都没有洞眼；撕开时不能有明显的掉纸粉情况；打湿后拧干，摊开时要无明显破损。

湿纸巾: 发黏的可能对身体有害。一般湿巾达不到消毒的要求，而且很多湿巾中会添加酒精、香精和防腐成分，容易带来安全隐患。因此，用湿纸巾擦手的清洁效果远远不及洗手。如果湿巾有怪味，很可能加了消毒液等成分，要谨慎选择。如果湿巾纸过黏，与食物间接接触，可能对人体有害。此外，选购时一定要注意生产企业名称、执行标准、生产日期、有效日期等信息是否齐全。

梅雨后的家居消毒

梅雨季节，一些居室环境由于温度、湿度等原因，会有细菌、病菌残留。因此，首先应对房屋进行全面打扫，清除房屋内外垃圾、庭院积水，擦净家具表面污垢，保持室内空气流通，开窗通风；其次，对墙壁、桌椅表面、地面等进行消毒，一般使用含氯消毒剂，如"84"消毒剂、泡腾片、漂白粉、漂精片等，按说明书进行配比稀释，以达到杀灭、清除有害病菌的目的，消毒后半小时再用清水擦洗干净。喷洒、擦拭物体表面时要注意防腐蚀，特别是一些有金属外壳的电器、染色衣物等。

如果家庭物品被水淹过，消毒就更要彻底。餐具消毒最有效的方法是将碗筷全部浸没于水中，用开水煮沸15分钟即可。衣物消毒，简易方法是放在太阳下暴晒，用太阳紫外线直接杀菌，但紫外线穿透力较弱，较厚衣物应用一定比例的消毒液浸泡清洗过后再晾晒。

家庭消毒要尽可能选用一些简单的方法，使用化学试剂消毒要注意自身安全，必要时可到当地疾控部门或社区卫生服务中心咨询。

让厨房变得清爽

不锈钢灶面上的油渍。可以用干净的抹布蘸些搽脸油，稍稍用力涂抹，就可以将不锈钢表面的手印、油渍擦拭干净。

玻璃上的油渍。在一小盆水里加入半杯醋、半杯医用酒精以及2滴洗洁精，混合后用抹布蘸取少量擦玻璃，在未干之前，用干净的纸巾擦一遍，就会达到窗明几净的效果。

炉架上的黑屑。将炉架取下，放入塑料袋中，倒入1/4杯左右的液态氨水，封好浸泡 5 小时后取出，再用抹布擦拭，炉架就会变得干净如新。

塑料容器中的异味。将一勺芥末溶入热水中，倒进塑料容器内浸泡 5 分钟，然后冲洗干净即可，芥末中的成分会充分吸收塑料中的异味。

白醋可洗地毯污渍

当地毯上洒上污渍时，应该立即用干抹布按压污处，将污渍的水分吸干。然后将白醋和水 1：1 混合，装在喷壶中，向污渍处轻喷几下。5 ~ 10 分钟后，用干净的抹布将其吸干，反复几次，直至彻底清理干净。需要提醒的是，千万别用抹布反复摩擦污处，否则会使污渍被吸入地毯里面。

扫把套上塑料袋吸灰

地面上细小的碎屑、灰尘、脱落的头发等，总是看得见却扫不起来。其实，只要用塑料袋就能帮你轻松搞定。具体做法是，在扫把头上套一个大小合适的塑料袋，然后系好或用夹子固定。用其清扫地面，塑料袋产生的静电就会让皮屑、头发等乖乖跟你走。

面团除臭

做面食所剩下的面团，如过期质变不能再食用了。可以把它做成冰箱除臭剂。把面团用保鲜膜包起来，再用牙签在上面扎几个小孔。放入冰箱的冷藏室里，几天后，冰箱里的异味就会消除了。

家居灭菌七法

1.煮沸消毒法。适用范围：棉布类、文具、餐具等。煮沸能使细菌的蛋白质凝固变性，一般 15 ~ 20 分钟即可，同时沸水水面一定要漫过所煮的物品。

2.酒精消毒法。适用范围：皮肤、家具等。酒精能使细菌的蛋白质变性凝固，可用 75% 的酒精消毒皮肤，或将食具浸泡 30 分钟消毒等。

3. 冲洗浸泡消毒法。适用范围：纺织物。对于不适于高温煮沸的物品可用 0.5% 过氧乙酸浸泡 0.5 ~ 1 小时，也可用含有效氯 500 毫克 / 升的溶剂浸泡 5 ~ 10 分钟，取出后清水冲净。浸泡时消毒物品应完全被浸没。一些化纤织物、绸缎等只能采用化学浸泡消毒方法。

4.食醋消毒法。适用范围：空气消毒。醋中含有醋酸等多种成分，具有一定的杀菌能力，可用作家庭室内空气消毒。10平方米左右的房间，可用食醋 100 ~ 150 克，加水 2 倍，放瓷碗内用小火慢蒸 30 分钟，熏蒸时要关闭门窗。

5. 漂白粉消毒法。适用范围：桌、椅、床、地面等。漂白粉能使细菌体内的酶失去活性，使其死亡。桌子等家具和地面，可用 1% ~ 3% 的漂白粉上清液（漂白粉沉淀后，上面的清水）擦拭消毒。

6. 日光消毒法。适用范围：被褥、衣服等。日光含有紫外线和红外线，照射 3 ~ 6 小时能达到一般消毒的要求。

7. 药剂消毒法。适用范围：玩具、家居等。药剂消毒有杀菌彻底、速度快、使用方便等特点，是家庭生活中最常用的消毒方法之一。使用时需掌握消毒药剂的浓度与消毒时间，因为各种病原体的抵抗力不同，要根据具体情况合理选用。

妙招除家具痕迹

在贴防火板的茶几上泡茶，会留下难看的污迹。可以在桌上洒些水，用香烟盒里的锡箔纸来擦拭，再用水擦洗，就能将茶渍洗掉。

热杯盘等直接放在漆面家具上，会留下一圈烫痕。用煤油、酒精、花露水或浓茶蘸湿的抹布擦拭即可。

烟火、烟灰或未熄灭的火柴等燃烧物，有时会在家具漆面上留下焦痕。如果只是漆面烧灼，可在牙签上包一层细硬布轻轻擦抹痕迹，然后涂上一层蜡，焦痕即可除去。

室内花卉除尘法

花卉叶面有了尘土，不仅使花卉失去清新的面孔，还会影响花卉的光合作用和呼吸作用。因此，除掉花卉叶面上的尘土，既可以让室内清新整洁，又有利于花卉的生长。根据家庭花卉的不同特点，可采取如下方法除尘：

水洗：对一些叶面有绒毛、比较娇嫩或叶片细碎的花卉，如天竺葵（球）、海棠、文竹、吊兰等，可用水喷淋。有条件的最好用细眼喷壶淋水，尽可能不把水淋到花朵上。冬季水温应和室温相同或稍高于室温。

掸刷：球类、仙人掌类花卉不宜淋水，可用软毛刷（如羊毛排笔或大毛笔）将尘土轻轻掸掉。

揩拭：多数观叶植物，如龟背竹、一叶兰、绿萝、万年青以及君子兰等，叶片肥大且具革质，如欲使其呈现苍翠、光洁之本色，可先用毛掸等物除去浮土，再用柔软脱脂棉、洁净的棉丝等蘸少量的清水，轻轻揩拭，即可还其本来面目。

消毒液和洁厕灵混用可致命

在清洁厕所时，人们常会用到洁厕灵和消毒液，前者能快速除去马桶内的污渍和异味，后者则能有效地杀灭真菌和细菌。如果将二者混合使用，是不是能达到既去污又消毒的加强效果呢？

首都师范大学化学系分析化学实验室负责人叶能胜教授经过多组实验后证明，无论是否经过稀释，洁厕灵混合消毒液后都会产生大量氯气。

氯气是一种有毒气体，易挥发。氯气中毒的明显症状是剧烈咳嗽，重者可能出现呼吸困难。所以，清洗马桶时，千万不要把这两种清洁剂混合使用。可以先用洁厕灵刷一遍，用水冲干净后，再用稀释后的消毒液冲一遍。

如今，种类繁多的清洁剂进入寻常百姓家，但同时也要注意使用方法，家用清洁剂不能乱用、混用。在使用表面活性剂时，要注意阴阳性。如阳离子表面活性剂与阴离子表面活性剂合用时不仅产生相抗作用，而且会降低消毒效果。润发剂、衣物柔软剂等属于阳离子表面活性剂；洗涤灵、洗洁精、肥皂等属于阴离子表面活性剂。

对喷雾型的消毒剂、清洁剂也要注意使用方法。从化学角度来看，这些产品的化学成分复杂，如交叉使用，可产生一些难以预料的化学反应，影响身体健康。有过敏体质的人，容易引发过敏性鼻炎、哮喘等过敏性疾病。

清洁剂使用"五大误区"

误区一：浓度越大越有效

一般清洁剂需按适当的比例稀释使用才能达到最佳效果，冲洗时需按1（清洁剂）：500（自来水）的比例洗净，加大浓度不但起不到去污的作用，反而增加冲洗的难度，容易造成清洁剂在器皿中的残留，随衣物或食物进入体内危害健康。

误区二：用洗洁精就干净

洗洁精只是表面活性剂，只有利于冲洗掉油腻和污渍，并不具备杀菌作用。相反，有些细菌以洗涤剂为营养，加速繁殖。有关学者曾对一般家庭使用的洗涤剂进行细菌检测，平均每毫升未开过封的洗涤剂中竟检出100多万个细菌，实在令人吃惊。

误区三：越白越干净

一些洗涤剂生产厂家在产品中添加了荧光增白剂，使衣服清洗后显得干净透亮。然而，这是一种在接受紫外线照射时可呈现荧光的化学增白染料，大量进入人体后能迅速与蛋白质结合，很难排出体外，不仅易对人体皮肤产生不良刺激，而且还会给肝脏造成负担。

误区四：清洁剂直接洒在家具上

这样的做法不仅降低清洁剂的效用，还会对家具和接触的皮肤造成腐蚀损伤，正确的方法应当用洁布蘸上清洁剂，搓揉出泡沫后再去擦拭家具，并即刻用清水冲洗，尽量避免清洁液残留在家具上。

误区五：长时间浸泡有益

不少人每次洗碗时都会先把所有餐具泡在稀释的清洁剂里，有时会泡上 30 ~ 40 分钟，然而，浸泡消毒杀菌也许有效，这种做法清洗餐具可不行，相反，有些餐具如竹制或木制的筷子，陶制的碗、盆、杯子，长时间浸泡会大量吸收清洁剂，不易被水冲洗掉。

妙用纸巾大扫除

1. 餐具或锅里有鱼腥味、杯子产生茶垢时，将少许柠檬汁滴在纸巾上，再配合食盐擦拭，效果显著。

2. 切完生肉先将砧板上的残渣刮去，在砧板上撒一些盐，用热水冲洗后，再用纸巾擦拭，这样可以使砧板既干净又无异味。

3. 冰箱门四周的密封条肮脏时，会降低冷却功效，这时就需要清洁一下了。但渍于冰箱门四周凹沟细部的污物是很难清除的，用蘸有清洁剂的纸巾包住筷子来清除，就可以轻松搞定了。

4. 家中的音响如果不善加保养、勤除灰尘，音质就有可能下降。要防止音响沾染灰尘，最简单的方法就是用纸巾涂上防静电剂或衣物柔顺剂后擦拭音响表面（柔顺剂应以 10 倍的水稀释），可以最大限度地减少灰尘黏附，即使灰尘沾上也很容易除去。

5. 用纸巾包一些茶叶或碎木炭放入冰箱，除臭效果非常好。

6. 清除天花板的灰尘或是墙角的蜘蛛网，可用纸巾缠绕在木棍上轻拂，效果极佳。

节前大扫除　让家换新颜

地板。塑胶地板可用水直接拖洗，但因为清洁剂及水分和胶质起化学作用，会造成地板面脱胶或翘起，所以刷洗时应尽量将拖把上的水拧干后再擦。如果是木质地板，则推荐一种用酸牛奶擦洗的办法。过期发酸的牛奶也不必倒掉，先用两倍的水将其稀释，再用抹布浸润后拧干，用力擦拭，这样一来会发现地板变得光亮如新了。其实，过期发酸的牛奶可当石蜡的替代品，凝固的牛奶更是上等的石蜡。

墙壁涂料。墙壁如果非常脏了，可用布蘸上石膏摩擦，或使用细砂纸轻擦，同样能够去除污渍。有手垢的可用和墙壁同色的水彩或水性油漆涂上去，污垢就不会那么明显了。纸质、布质壁纸上的污点不能用水洗，可用橡皮擦。彩色墙纸上的新油迹，可用滑石粉将其去掉，方法是在滑石粉上垫张吸水纸，然后用电熨斗熨一下。塑料壁纸上的污迹，可喷洒一些清洁剂，用拧干的布擦，即能面目一新。变黄的墙纸欲恢复原来面目，可借助"漂白水"。将漂白水蘸于毛巾上拭抹，待半小时后看效果如何，认为效果理想则可再继续。若受烟熏而使部分墙纸变黄，则宜用稀释烧碱液擦拭。

沙发。皮沙发切忌用热水擦拭，否则会因温度过高而使皮质变形。可用湿布轻抹，如沾上油渍、咖啡、可乐等污渍，可用肥皂水轻擦，擦时建议先用海绵蘸稀释过的中性肥皂水轻轻擦掉污渍，再用拧干的干净中性棉布擦拭，之后自然风干即可。过期护手霜能为家里的皮沙发做护理，它不仅能擦去沙发表面的污渍，还能够滋润沙发皮革。不过在用护手霜清洁和保养皮沙发之前，一定要先用抹布除去沙发表面的浮尘。毛绒布料的沙发可用毛刷蘸少许稀释的酒精扫刷一遍，再用电吹风吹干。如遇上果汁污渍，用 1 茶匙苏打粉与清水调匀，再用布蘸上擦抹，污渍便会减退。

家庭清洁小窍门

1. 无须每周为木家具抛光。用一块不起毛的干抹布擦拭就可以了。一年打蜡一两次即可。

2. 用 1∶6 的硼砂和水的溶液涂抹白色衣服上的污迹。

3. 要去除烤炉内的污物，请在炉子还温热的时候把盐撒在上面，冷却后，再用湿海绵擦拭即可。

4. 地板的表面较脏。可每周一次用 4 升的水兑上 30 毫升的液体肥皂和 30 毫升的白醋拖地。

5. 将 40 克发酵粉和 1 升热水混合成无毒清洁剂，来擦厨房台面。

6. 想使窗户玻璃洁净透明，就用 45 毫升白醋和 4 升冷水的溶液擦拭。

7. 预防浴室里的霉菌，用一个喷雾瓶装 240 毫升水和 3 滴绿茶油喷洒。

8. 抽水马桶瞬间消毒除臭，请将发酵粉撒在边上，几分钟后撒入醋，用马桶刷刷洗，再冲洗干净即可。

肥皂头巧妙"变身"

先把肥皂头收集起来。然后用小刀或剪子把它们弄成小细丝，放到耐热的容器中，加入适当的清水（清水没过肥皂屑即可），搅拌后用微波炉加热 2 ~ 3 分钟，使肥皂屑变成肥皂膏。但是要注意，如果香皂的香味过浓，最好不要用微波炉加热，而采取在火上加热的办法，以免香味渗入微波炉后，不易去除。

肥皂膏制作完成后，可以用来擦拭电话机、电冰箱把手、电视机遥控器、电灯开关等容易留下手渍的地方。用旧毛巾蘸少许肥皂膏轻轻擦拭后，再用潮湿的毛巾擦一遍，手印、油渍等就能轻而易举地被消灭了。而板材制作的家具，如果家具表面是原色或是没有涂漆的木材，就不能用肥皂膏清洁，否则会使家具表面染上颜色。

如何清洗鼠标垫

塑料垫：可取一盆清水将垫浸泡片刻，然后涂上少量洗洁精，用旧牙刷轻轻刷洗，不可用力，牙刷的刷毛必须柔软，否则容易损坏鼠标垫。经反复几次刷洗后塑料垫就会变得焕然一新。

布垫：布垫和金属垫的清洗方法一样，不过要注意的是布垫上一些比较脏的污渍，只要不影响移动，就不要尝试将其完全洗掉，因为这样很可能会破坏布垫的表面纹理。

金属垫：用干净的化纤材质的小方巾两块，（如果用纯棉或混纺材质的方巾，会有碎屑留在金属垫上），清洗时先用一块方巾蘸上清水，注意不能太湿。然后轻轻地顺着同一个方向擦拭金属垫的表面，清洗完毕后再用另外一块干净的方巾将金属垫上残留的水渍拭去就大功告成了。

自制清洁剂

小家电清洗剂：清洗冰箱、烤箱、微波炉快结束的时候，在清水中加 1 滴柠檬汁、红橙汁或甜橙汁，就能够起到消毒和抑制细菌的作用。

地毯清洁剂：取丁香精油 40 滴、薰衣草精油 40 滴、藿香精油 20 滴，与 120 毫升的小苏打调匀，放入小瓶中，将瓶口盖紧后保存 24 小时，让精油完全渗透到小苏打中去。只要将这种调配好的清洁粉均匀地洒在地毯上，10 ~ 15 分钟后再用吸尘器吸掉即可。

科学给居室排毒

加拿大国家卫生局官员说，目前确认的住房毒素，除了人们日常生活中碰到的化学物品，如各类清洁剂、化工原料制品、衣物以及个人护肤品等之外，房屋的潮湿度也是重要原因。儿童教授布鲁斯认为：最好不要把自己的家塞得满满的，不需要的东西尽量少买，这样就会减少污染的机会。此外，他还介绍了一些住房排毒的小贴士。

第一，定期开启厨房和浴室内的排气扇。每天应当将家中所有的窗户均打开一次，以便使室内外的空气得以交换。尽量避免在屋内使用各种杀虫剂以及用化学合成物制成的地毯清洁剂。第二，经常测试室内的相对湿度。第三，可以安装自来水过滤器。第四，用瓷砖、硬木地板或无毒羊毛织成的地毯来代替那种传统地毯。第五，用布制窗帘来代替用含乙烯基化合物制成的窗帘。第六，尽量使用天然成分制成的香皂和洗发水，并用纯香精油来代替香水。第七，用陶瓷锅或铸铁锅代替不粘锅，用玻璃容器来代替塑料容器。

中国室内装饰协会环境监测中心主任宋广生也指出，过去，人们总是把目光聚焦在甲醛超标这一问题上。"但事实上远远不止这些。更深层面的环境净化包括创造良好的外界生存环境，远离各种传染病，减少日用品的化学污染。比如要多开窗通风，选择高效空气净化器来净化空气，使用统一的排烟管道，不要打孔排烟等，否则容易造成相互污染。"

芦荟长黑斑　室内有污染

芦荟是百合科多年生肉质草本植物，它有很强的净化室内空气的功能。无论是白天还是晚上，芦荟均能吸收二氧化碳、甲醛和有机性挥发物质等有害气体，甚至可以吸收一些吸尘器难以吸到的悬浮颗粒，是净化室内空气的"高手"。芦荟还被称作"空气污染报警器"，当空气中的有害气体含量超过一定的限度，芦荟的叶片上就会出现褐色或黑色的斑点，以此发出"警报"，提醒人们注意净化空气。

芦荟不仅是净化空气的好手，它还有很多其他的用处。芦荟含有芦荟甙、芦荟多糖、氨基酸、有机酸、维生素、多肽、微量元素等多种对人体有益的生物活性物质。在发达国家，很多家庭都种植有芦荟，用于小病、小伤的治疗，还可以食用、美容，使芦荟享有"家庭百宝箱"之美称。

巧除厨房油污异味

炉灶：趁热清洁

做菜时常有汁液溅到炉灶上，做完菜后借着炉灶的余热用湿布擦拭，效果最好。对于陈旧污垢，可在灶台上面喷些清洁剂，然后垫上旧报纸，再喷一层清洁剂，静置几分钟后撤去报纸，用沾着清洁剂的报纸擦去油点。

橱柜台面：蔬瓜巧清洁

台面清洁很简单，只需用湿抹布蘸清洁剂就可。不锈钢台面易刮伤，用做菜剩下的萝卜或黄瓜的横切面沾去污粉轻擦，清洁效果好而且不会刮伤台面。

巧花心思，除垃圾异味

酒精是杀菌、去除腥臭的良方，将酒精和水以 7 ∶ 3 的比例调成稀溶液，倒入喷雾器中，遇到鱼骨残骸就喷一些，还可用于冰箱内部或橱柜下等容易有异味的卫生死角。茶叶渣也可以用作除味剂，在易发臭的垃圾上撒一层茶叶渣，除臭效果很好。

有机清洁法　为浴室"排毒"

清除水渍与顽垢

只要用醋擦拭，即可清除淋浴间的肥皂泡沫与水产生的水垢(即碳酸钙)，因醋可以溶解这种顽垢。先用海绵蘸醋清洗墙面，再以清水将脏污冲入排水管中。

想要清理浴缸、墙壁跟水龙头上的水垢，可将抹布浸泡在醋中，然后覆盖在顽垢上静置一晚。隔天早上将苏打粉与醋调成糊状，再用牙刷蘸上糊状物刷洗该处，即可清洁干净。

用一块湿布蘸氨水擦拭残留在浴缸、淋浴间里的肥皂泡沫与油脂，再用热水冲洗你擦拭过的地方，可保持沐浴空间的清洁。此外，冲刷后排放的水也可以顺势清洗排水管。

让浴帘常保如新

用醋可以擦去浴帘上的肥皂泡、霉菌与油脂，让浴帘亮丽如新。浴帘的底部最难擦洗，你可以用刷子蘸盐水用力刷洗，因为盐的细小颗粒可以对脏污产生如磨砂般的效果，之后再用醋擦拭，就可除掉污渍。

清除莲蓬头堵塞

你的莲蓬头出水不顺吗？可以把莲蓬头浸泡在醋里1小时来解决阻塞的问题。如果阻塞情况很严重，将醋煮沸后再将莲蓬头泡入1个小时，堵塞的物质如碳酸钙等便能够被溶解掉，而恢复原来流畅的出水状况了。此法适用于金属莲蓬头，如果是塑胶的莲蓬头，则要用冷醋来浸泡。

室内环境检测谨防"三大陷阱"

中国室内环境监测委员会主任宋广生提醒消费者在进行室内环境污染检测时，要警惕三大陷阱：一、低价陷阱。这些人利用消费者省钱的心理，以极低的价格诱惑消费者。二、快速陷阱。消费者进行室内环境检测都希望尽快了解污染情况，国家规定的标准方法必须是经过实验室的检测过程才能出具数据，且正规检测实验室的结果出具时间为现场采样后三个工作日。一些检测游击队利用简单的现场检测仪出具的数据根本不可信。三、免费陷阱。利用免费检测做诱饵，虚报室内环境污染程度恐吓消费者，然后高价进行室内环境污染治理产品的推销和净化治理，而且治理时按照房间面积收费，一套房子算下来就是几千元钱。

另外，消费者在选择室内环境检测单位时一定要看检测单位的资质。凡承担室内环境污染检测的单位，应持有国家和省级技术监督部门颁发的、印有国徽的中华人民共和国计量认证资格资质证书，消费者应注意确认证书上的单位名称是否与自己拟委托的检测单位名称相符。

清洁房间只要19分钟

每天清洁房间只要 19 分钟？美国有线电视新闻网《生活频道》刊登头条文章帮您算了算。

卧室 6 分半钟。用 2 分钟时间整理床单、被褥，折叠被子，铺平床单，抖松枕头；用 4 分钟时间折叠或挂好换下来的衣服，放好首饰；用 30 秒钟整理和清洁床头柜。

客厅 6 分钟。捡起地上、茶几上或桌子上的碎屑，这花费 1 分钟；整理靠垫以使它变得松软，折叠好沙发罩或沙发单，这大概需要 2 分钟；如果你能看到手指印的话，那么就用 1 分钟的时间用湿布擦拭桌子和橱柜；花 2 分钟时间整理好在咖啡桌上放着的书和杂志，扔掉旧报纸，收藏好 CD 和影碟。

厨房 4 分半钟。在洗完餐具并放入橱柜后及时擦洗水池，擦洗水池大概需要 30 秒钟；每次做饭，炉灶总会溅些油点，如果不及时擦掉，油渍就会日积月累难以收拾，因此每次使用完炉灶后，都要进行擦拭，大概花 1 分钟；擦拭橱柜花 1 分钟；打扫厨房的地板并用墩布擦洗大概需要 2 分钟。

卫生间 2 分钟。用 30 秒钟擦拭水池，用 15 秒钟擦坐便器。放点清洁粉，用刷子刷马桶然后冲洗一下，大概 15 秒钟。用干净的布擦拭镜子和水龙头 15 秒钟。每次使用完淋浴间后，冲洗大概需要 15 秒钟。清洁淋浴间的门，大概 30 秒钟。

用肥皂头做个大扫除

先把肥皂头和洗手用的香皂头收集起来。然后用小刀或剪子把它们作成小细丝，放到耐热的容器中，加入适当的清水（清水没过肥皂屑即可），搅拌后用微波炉加热 2 ~ 3 分钟，使肥皂屑变成肥皂膏。但是要注意，如果香皂的香味过重，最好不要用微波炉加热，而采取在火上加热的办法，以免香味渗入微波炉后，不易去除。肥皂膏制作完成后，可以用来擦拭电话机、电冰箱把手、电视机遥控器、电灯开关等容易留下手渍的地方。用旧毛巾蘸少许肥皂膏轻轻擦拭后，再用潮湿的毛巾擦一遍，手印、油渍等就能轻而易举被消灭了。而板材制作的家具，如果家具表面是原色或是没有涂漆的木材，就不能用皂膏清洁，否则会使家具表面染上颜色。

除此之外，还可以把香皂膏加温水摇晃至充分融化后，根据自己的喜好，添加几滴香水、精油、玫瑰水或少许蜂蜜，搅匀装入吸压式洗手液或沐浴液的空瓶子里，当作自制液体洗手液。自制洗手液的保质期比较短，最好两三个月换一次。

居室防潮妙方

适时通风法：在雨季，要注意控制开启门窗的时间。在清晨和傍晚前后以不开启门窗或少开启门窗为宜；有条件的话，最好在中午或天气晴朗时，将门窗全部打开，使居室内空气流通，以利水分、湿气的蒸发。

强化通风法：白天上班，失去居室通风的最佳时间，晚上回家后，打开落地扇、台扇、换气扇、吊扇等电器设备，使居室强化通风5~10分钟，也可起到一定的防潮作用。

巧用家电法：在雨季，家用电器也会因受潮而发生绝缘性能下降、内部线路锈蚀、接头导电不良等现象。为了防止这一现象的发生，最好在雨季经常使用彩电、录音机、电热炉、电风扇等家用电器。一是可使家电工作时自身产生的热量消除家电内部的潮气，防止家电受潮；二是可以使家电产生的热量，在一定程度上驱散室内的潮气。

投放吸湿物品法：取一些生石灰撒在墙根处，可以有效地防止居室四周受潮。也可以用废旧报纸将生石灰包好，放在室内最潮湿的地方，如床下、家具底下以及阳光不易照射到的地方，并注意不断更换。做木工活剩下的锯末也是一种吸湿力很强的物品，可以将其撒在易于清扫的地面上。在居室门口放置棕垫也是防止室内潮湿的妙法。家人在进入室内之前，先在棕垫上擦净鞋底的污物和水迹，能有效防止将室外的潮气带入室内。

塑料布隔潮法：可以将塑料布钉在经常"出汗"的墙壁上，也可以将其垫在木质家具和潮湿的地面之间。如果一层塑料布不起作用，还可用双层塑料布或多层塑料布。

全能的"小苏打"

清洗浴缸或洗手池时，可用湿布蘸点小苏打再擦。

用醋加上小苏打，可以除掉不干胶。

敞口放一瓶小苏打放在卫生间地漏附近，可吸收异味。

在有汗的衣服领口，后背处撒上小苏打，可以帮助除汗味，也可以直接撒一点放进洗衣机中。

在鞋柜里，可以放一瓶敞口的小苏打，可以起到除味、除潮的作用。但要注意两个月换一瓶新的。

用非常稀的小苏打水去除家电上的黑渍。电饭锅、冰箱和水壶的表面也同样适用。

加热了的小苏打水，可以帮助去除微波炉内壁上的顽固油渍。

冰箱里也可放小苏打用来除潮、吸味。

除尘有妙招

每次清洁完家具后不久又会落一层尘土，那么有什么除尘的好方法呢？有一种方法可使擦完家具后两周依然不落土。具体方法就是在抹布水中加入一点点食用碱，用这样的水清洁过的抹布在擦家具后，保证家具两周后还像刚擦过一样。需要注意的是，一定要使用食用碱，而不能用火碱；其次每次用量不要过多，一小撮即可，沾水的抹布也要尽量拧干；最后要注意陶瓷、玻璃、光面木质材料等家具可以适用此方法，而红木、紫檀、藤竹等有特殊护理要求的家具，不可使用此方法。

用吸尘器除尘时虽然能吸净脏东西，但尘土往往会很牢固地粘在吸尘器的内壁。如果用一条废旧的丝袜套在吸尘器内的灰尘存储袋上，问题就会解决。因为丝袜本身透气性比较好，不会影响机器的正常工作，但灰尘、柳絮等细小污物却不会透过。除尘完毕后，可以将废旧丝袜同污物一同扔掉，也可将丝袜翻面清洗，再次使用。

厨房卫生要"随手打理"

厨房每天经受油烟"熏陶"，很容易堆积油污，清扫起来让人头疼，怎样才能轻松地让厨房像画册上那样干净漂亮，就要看看你是否有"随手"的习惯了。

　　吃完饭之后，除了洗碗，还要对柜台、灶台、吸油烟机"随手"抹一把；刷完碗之后，随手用抹布把厨房擦擦，用墩布把地拖一下，仅仅几分钟的工夫就能省去油烟堆积后花几十分钟搞卫生的"大动干戈"了。需要注意的是，擦灶台的抹布和洗碗的抹布必须分开。当然，这种"随手"的习惯最好贯穿整个饭前准备和饭后收拾的过程。洗菜时，脚下一块抹布，随时擦干滴在地上的水，以免厨房被鞋底踩脏；炒菜时，手边准备一块干净抹布，随时擦手，在盛菜端盘时就不会弄脏菜盘。

　　所有的抹布在完成它们的工作后，都必须"随手"洗净，并将水池擦干，再把抹布挂在通风处晾干，在一切都打扫完成后，把垃圾也"随手"带出来，别让它们在厨房过夜。

　　而厨房放置的物品，像汤汤水水、油盐酱醋、干货湿货，如果能够依类别"随手"放在该放的地方，就会让细菌无处藏身。

　　厨房收纳的总原则是，必需品可以根据使用频率的高低来分层摆放，最常用的集中摆设在双眼到膝盖之间的范围，很少用到的可收纳在较高或较隐蔽的角落。此外，厨房的橱柜尽可能分布明确，让你能简单地对杂物进行分类存放。

清洗微波炉放碗水

　　我们使用微波炉时，因为容器经常是敞口的，所以微波炉内侧的四壁会溅到很多油渍，清洗起来比较费事。刚溅上的油渍可使用卫生棉球，蘸医用酒精或高度白酒擦洗。然后，再用洗涤剂把残余的油污和酒精完全擦净。

但如果微波炉上的污垢积淀太多，清洁起来有什么好办法呢？此时，我们可以用微波炉专用容器装好水，加热几分钟，先让水分充分蒸发，润湿微波炉内四壁的污渍，擦起来就容易多了。

另外，微波炉内部表面、炉门的前后及炉门开口处，可以使用软布蘸着温水及温和的清洁剂清洗，切勿使用金属刷和腐蚀性清洗剂。需要注意的是右边的云母片是微波炉的加热口，所以应小心擦拭干净；转盘和转盘支架，应取下来进行清洗，可先用酒精或白酒擦拭，然后再用湿布擦干净。

再忙也能搞好卫生

美国亚利桑那大学微生物学家、卫生学专家查尔斯·格巴教授指出，其实打造一个健康的生活环境，根本不需要每天擦洗、打扫，甚至消毒整个屋子，关键在于你有没有把"劲儿"用对地方。

厨房：最重要是消毒抹布、海绵

你必须要做的是：经常清洗厨房里使用的抹布、海绵等。因为它们在擦掉用具表面的细菌时，会将这些细菌转移到自己身上，因此每天都要对抹布、海绵加热消毒或用洗碗机清洗。能做到这样更好：每次做完饭，都用杀菌剂对水槽、工作台和菜板进行消毒；细菌喜欢在潮湿、有食物残渣的地方落户，因此每次吃完饭都要马上洗碗；每天都要用杀菌剂擦拭电冰箱把手，以防滋生细菌。

卧室：没哮喘病人不需每天除尘

你必须要做的是：如果家里有人患有过敏症或哮喘，需要每天除一次尘，否则就不必要。用掸子除尘可能导致灰尘飞扬，所以最好改用带有绿色环保标志的强力吸尘器清洁地板，这种吸尘器能在吸附粉尘的同时，保持室内空气质量。能做到这样更好：每两三个月清洗一次枕头、被褥和毛巾；每 12 ～ 18 个月清洗一次地毯，清掉灰尘和污渍。

客厅或书房：清洁遥控器和电脑

你必须要做的是：每周用消毒剂清洁一次电视机遥控器、鼠标和键盘，家里有人感冒时，更要频繁消毒这些设备。能做到这样更好：如果家里有人患哮喘或过敏症，每周都要对客厅除尘。

卫生间：给水槽、排水管消消毒

格巴教授发现，卫生间的水槽、水龙头和淋浴排水管都会大量滋生细菌，进而引起痢疾。此外，感冒病毒也特别喜欢藏匿在这些地方。你必须要做的是：每周使用杀菌剂清洗一次水槽、水龙头、淋浴排水管，也可以使用一次性消毒巾快速清洁。能做到这样更好：每两周拖一次卫生间（包括洗脸池后面等隐蔽的地方）；每次洗澡后，使用专门的清洁剂喷洒整个卫生间，特别是浴帘里面和浴室门，以免形成霉斑和污垢；每3个月用具有漂白作用的药剂浸泡一次马桶，能有效杀死细菌；每6个月换一次塑料浴帘，或者干脆换成尼龙浴帘，每隔三四个月清洗一次。

各种除味剂如何选择

竹炭除味剂：竹炭有良好的吸附力，能有效吸附居室内由甲醛、苯超标带来的异味。而只有具备大量孔径略大于有毒、有害气体分子直径的竹炭，才有极强的吸附能力。因此，在选择时要注意竹炭的孔径大小。

光触媒除味剂：其强大的氧化作用，能快速杀灭各种细菌、病毒，消除臭味源。但高档汽车的内饰织物纤维中用了特殊成分的染料，而光触媒的羟基基团对其有很大的刺激作用，建议高档车用户不要盲目使用光触媒除异味。

擦木家具别用湿纸巾

有些家庭主妇用湿纸巾擦拭木家具和木地板，这是一种错误的做法。原因有两个：其一，绝大多数湿纸巾都含有酒精成分，与家具表面的油漆发生反应，尤其对醇酸类油漆，危害更明显。其二，经常使用湿纸巾擦拭木家具或木地板，会导致油漆表面的光泽度发生变化。

春季给衣柜来个大扫除

清空衣柜。取出衣橱里所有的衣服。用吸尘器清扫衣橱地板，用您最喜爱的清洗剂清理衣柜墙壁，为服装提供一个干净整洁的环境。

分类整理。拿出几个箱子、包或篮子，其中有的专门放置需要的衣服，有的专门放置即将捐献的衣服。专家建议：如果您已经记不起这些衣服最后一次穿着的时间，或者它们的购买日，那么就把它们集中放置到其中一个箱子里。您也可以再准备一个箱子，专门放置那些挂在厅堂壁橱里的衣服。

整理归橱。您可以根据季节或根据工作服、外出服和休闲服来分类，将之整理成最适合您生活方式的状态。

分放方式。在衣服放回衣橱之前，可用衣架把所有服装挂起来。选择一些彩色的塑料衣架来匹配不同色彩和类别的服装。根据衣橱的尺寸和衣服放置的方法（悬挂或折叠），考虑是否需要在衣橱内安置小隔板，把衣橱以最合理的方式组合。

擦桌子用干抹布还是湿抹布

问题：湿抹布易引起二次污染

有调查显示，湿抹布一般细菌总数为每平方厘米1万～1亿个，大肠菌群为每平方厘米1万～100万个。用这样的抹布擦案板、容器等，就会造成食品污染。

措施：抹布勤消毒并保持干燥

用抹布擦桌子，要先洗净，抹布每隔三四天应用水煮沸消毒一下。用后须经清洗消毒、干燥后备用。严禁用抹布擦拭已消毒好的餐具。

问题：干抹布扬尘造成健康隐患

室内空气中污染物的浓度有时高于室外，甚至达到室外的2～5倍，这大多是由室内的灰尘引起的。此外，室内空气污染物主要包括烹调油烟、家具释放的有毒化学物质、家电产生的有害物质等。灰尘携带这些物质进入人体后，会造成各种疾病。

措施：经常开窗通风、照射阳光

擦洗灰尘要先把抹布用干净水沾湿后使用。此外，要经常开窗通风，晾晒抹布，最好的方法是直接用阳光杀菌。

如何轻松擦门窗

一、擦门窗玻璃时，可先把洋葱去皮切成两半，用其切口摩擦玻璃，趁洋葱的汁液还未干时，再迅速用干布擦拭，这样擦后的玻璃既干净、又明亮。二、先用湿布擦一下玻璃，然后再用干净的湿布蘸一点白酒，稍用力在玻璃上擦一遍。擦过后，玻璃既干净又明亮。三、充分利用废旧报纸。

番茄酱让金属厨具美容

用湿纸巾蘸上一些番茄酱，轻轻涂抹那些失去光泽的金属厨具，如水壶、高压锅等，停留 5 分钟后，用热水冲洗干净，然后快速擦干。这是因为番茄酱中的醋酸成分能与金属发生反应，让它们瞬间焕然一新。

去除顽渍有技巧

1. 瓷砖接缝处的黑垢。只需一把干净的刷子、牙膏、一根蜡烛。挤适量牙膏在刷子上，纵向刷洗瓷砖接缝处；然后将蜡烛涂抹在接缝处，先纵向涂一遍，再横向涂一遍，让蜡烛的厚度与瓷砖厚度持平，以后就很难再沾染上油污了。

2. 茶几上的茶渍。可以在桌上洒些水，用香烟盒里的锡箔纸来擦拭，然后用水擦洗，就能把茶渍洗掉。

3. 竹器或藤器上的积垢。竹器、藤器用久了常常会积垢、变色，可以用软布蘸食盐水擦洗，既可去污又能使家具保持柔软和韧性。

4. 电器开关褪色。电器的电镀开关经常会被触摸，被汗侵蚀后，往往失去了本来的光泽，可以涂抹一些凡士林，防止盐分侵蚀。

5. 木质家具表面的烫痕。如果把热杯盘直接放在家具上，漆面往往会留下一圈烫痕。可以用抹布蘸酒精、花露水、碘酒或浓茶，在烫痕上轻轻擦拭；或者在烫痕上涂一层凡士林油，隔两天再用抹布擦拭，烫痕即可消除。

6. 白色家具表面的污迹。家中的白色家具很容易弄脏，只用抹布难以擦去污痕，不妨将牙膏挤在干净的抹布上，只需轻轻一擦，家具上的污痕便会去除。

7. 地板或木质家具出现裂缝。可将旧报纸剪碎，加入适量明矾，用清水或米汤煮成糊状，用小刀将其嵌入裂缝中，并抹平，干后会非常牢固，再涂以同种颜色的油漆，家具就能恢复本来面目。

家里垃圾桶要小而少

垃圾桶因为要接纳各种各样的废弃物，每天都被细菌、病毒、霉菌包围着，从而污染室内环境，因此要想确保居家健康，垃圾桶在选择、摆放和清洁方面都要特别注意。

首先，在购买垃圾桶时，尽量选择不锈钢和竹编材质的。目前市面上的一些垃圾桶由于塑料材质来源不清，可能会带有一些放射性物质或有害挥发性物质，存在一定的健康隐患，但不锈钢和竹编的不仅少有此类问题，也容易清洗。另外，小一点的垃圾桶，可以促使人们勤倒垃圾，缩短了病菌滋生的时间。

其次，从放置来说，家中的垃圾桶放两个就够了。放多了既占地方，又增加污染的比例，一般厨房、客厅各放一个即可。厕所马桶如果冲水功能较好的话，便后的卫生纸可以直接用厕水冲走，没必要再放垃圾桶了。

最后，由于垃圾袋会破损，从而污染垃圾桶，因此建议最好每天清洗一次。清洗时要用刷子将缝隙刷干净，最好用 84 消毒液消一下毒，最后冲净晾干。

洗手液并不都杀菌

专家指出，酒精含量低于60%的洗手液很难将细菌杀死，而目前市场上的洗手液并不都能达到这一标准。

目前，市场上销售的洗手液有十几个品牌，国产的洗手液一般未标注酒精含量，而是以对氯间二甲苯酚、月桂纯醚硫酸钠、卡松柠檬酸等代替。专家解释，这是因为不同国家不同品牌的洗手液成分不尽相同，目前我国洗手液的制作流程主要是，通过洗手液中所含的氯盐类物质在氧化还原反应中所产生的刺激酸，对手部进行杀菌、消毒，所以不需要标明酒精含量。

据专家介绍，目前不同品牌洗手液的有效成分不仅不同，而且即便成分相同，含量也有出入。有些含量不达标的洗手液既不能去污，又不能达到杀菌目的。这是因为，无论是以何种成分代替酒精，其含量都要达到一定数量才能杀菌。现在最常用的对氯间二甲苯酚、月桂纯醚硫酸钠、卡松柠檬酸的含量应该达到0.1%～0.4%之间，而如果是对氨基苯甲酸及异丙醇等成分，则要求更高，必须达到60%以上或更多的含量才具杀菌、消毒作用。因此专家建议，消费者在购买洗手液时，要先看其有效成分是什么，是否达到了以上的数量值。

此外，专家提醒，洗手液的杀菌消毒功能并没有肥皂好。因此，用洗手液时，揉搓双手的时间最好在 30 秒钟以上，用流水冲至少 15 秒钟以上。

10个死角细菌多

1. 厨房水龙头：一般家庭里的厨房龙头前都有过滤装置，由于长期处于潮湿状态，很容易滋生细菌。建议每周清洁一次，拧下过滤网，用漂白剂稀释溶液浸泡，再用水冲净即可。

2. 厨房垃圾桶：食物残渣、灰尘会让厨房垃圾桶中的细菌更多，每周用漂白剂稀释溶液清洗一次，特别是橡皮盖。

3. 门口脚垫：一项研究发现，近 96% 的鞋底携带大肠杆菌等致病菌，建议每周消毒 1 次，换鞋时，不要将随手拿的食品袋和背包放在上面。

4. 吸尘器：最新研究发现，13% 的吸尘器刷子上检测出大肠杆菌。所以吸尘器的尘袋要经常更换，但要在室外进行，避免灰尘及细菌散落室内。吸尘口附近用稀释漂白剂溶液清洗，自然晾干。

5. 抹布：美国最新研究发现，7% 的厨房抹布被超级细菌感染。另外，抹布还容易携带大肠杆菌等其他病菌。用纸巾清洁厨房工作台面，抹布只用于擦刚洗过的水壶和碟子等。并及时更换，或每周消毒两次。

6. 汽车仪表盘：汽车仪表盘是最常见的细菌传播点，因此要经常消毒擦洗。

7. 公共场所洗手液盒：25% 的公共卫生间洗手液盒上含有大肠杆菌。建议使用后用热水搓洗双手 20 秒钟。

8. 餐馆调料瓶：餐馆里的调料瓶有很多人用过，滋生细菌在所难免，可以垫着纸巾拿。

9. 电冰箱隔断：美国亚利桑那大学一项涉及 160 个家庭的调查发现，电冰箱隔断里的霉菌检出率为 83%。应用漂白剂稀释溶液或消毒剂每周擦洗至少 1 次。

10. 手机：多项研究发现，手机及手机套携带的病毒不计其数，其中包括葡萄球菌、沙门氏菌等。定期用酒精和消毒剂擦洗，别将手机和其他个人物品放在一起。

洁具保养小常识

陶瓷。各种陶瓷件表面特别易造成釉面磨损而影响美观，所以在使用时不要将其他盛器在陶瓷表面摩擦，以免擦伤釉面。

对于座厕进水阀的止水橡皮，在水质不太好的地方容易老化而失效，所以应经常取出清洗，至少每三个月清洗一次。

五金。请用清水冲净龙头并用软棉布抹干，切勿使用任何具研磨作用的清洁剂、布或纸巾，及任何含酸性的清洁剂、擦亮磨料或粗糙的清洁剂、肥皂等物擦拭龙头表面。

由于平时使用的各种洗发精、沐浴露等长期残存在镀铬表面会使龙头表面光泽退化，并直接影响五金件的表面质量，所以至少每周用软布清洁一次五金件表面,而且最好使用中性的清洁剂。

浴缸。正常情况下请使用中性清洁剂或肥皂和水清洗。

对于防滑图案上的顽固污迹,可用液体清洁剂清除;对于浴缸内的防腐迹、红汞等污迹,先用酒精擦去,再用液体清洁剂清洗。

请切勿使用百洁布清洗浴缸,否则会使底部防滑层和表面搪瓷刮伤。

如何给地板打蜡

晴好的天气是打蜡的必要条件。打蜡前必须先清除地板表面的灰尘,然后仔细检查并擦干地板表面。为防止地板蜡污染踢脚线和家具,可用胶带纸等遮盖上述部位。摇晃并充分搅拌均匀地板蜡,可在不醒目处先进行局部试用,确认无异常后再整体上蜡。然后用干净的抹布或专用的打蜡拖布充分浸蘸地板蜡,按照地板的木纹方向仔细涂抹,保持薄厚均匀是打蜡的关键,不可将地板蜡直接倒在地板上,否则会产生痕渍和圈痕。

要想得到闪亮的效果,每打一遍蜡都要用软布轻擦抛光,要特别注意地板接缝。每打一遍,待干燥后,用非常细的砂纸打磨表面,擦干净,再打第二遍。

洗碗刷锅须纠正几个"小错误"

洗碗刷锅是主妇们天天需要面对的杂务。别看它事小，但还是有许多值得注意的地方。一些错误的做法不仅会"添乱"，还可能对健康造成影响。

错误一：饭后把碗摞在一起。油腻腻的碗盘摞在一起，只会造成互相污染，让刷洗工作量增加一倍。吃完饭后要给碗盘分类，没油的和有油的分开放，先刷没油的，后刷有油的。此外，盛生肉的碗要与盛熟食、果蔬的碗盘分开，洗碗布也要分开。先洗盛熟食的碗，后洗装生肉的碗。

错误二：吃完饭不及时洗碗。碗放得越久越难刷，特别是夏天，如果放到下一餐，食物残渣都已经发酵，还会产生一股异味。因此，要趁着碗里的水分没干立刻刷碗，炒完菜立刻刷锅，趁锅底还有点热，加温水进去，油污很容易就涮掉了。需要注意的是，对不粘锅来说，不要马上用大量冷水冲热锅，因为热胀冷缩容易损伤其表面涂层。

错误三：刷什么都用洗洁精。事实上，盛粥、凉菜一类的碗盘，风干前用水一冲就干净了。过去没有洗洁精的时候，人们通常都是用热水和米汤刷碗，温和环保。热水能降低油脂的黏性，让它容易被冲走；米汤、面汤中的淀粉能和油脂结合，进而去除黏腻。如果碗筷上油污很重，可用碱面加热水来洗，但碱伤皮肤，建议戴手套。

错误四：洗洁精不稀释。有人经常抱怨碗总是滑滑的涮不净，这多是因为洗洁精没冲净，会给人体健康带来不良影响。刷碗前，建议先在半碗水中加几滴洗洁精稀释，每次用洗碗布蘸取少量刷洗即可。

错误五：碗筷不控水晾干就收起。碗筷洗后宜控水晾干，不要用抹布擦干，以免微生物繁殖。如果怕铁锅生锈，洗后应该用厨房用纸吸干水分。

此外，还要注意，洗碗后务必把水池和周边的台面刷干净。否则水池就会成为微生物交叉污染的绝佳场地。

年终大扫除"事半功倍法"

对于上班族来说，抓紧周末时间打扫是最靠谱的做法了。时间紧任务重，想在春节前焕然一新，抓住每个区域的清洁重点很重要。

客厅：沙发清洁选对方法

1. 布艺沙发选购时要注意是否便于拆卸，才能在日后的清洁过程中更加便利。购买时详细询问该沙发正确的清洁方法，以延长沙发的使用寿命。

2. 不能拆卸的布艺沙发切忌用抹布使劲擦，这样做灰尘会渗入布料内部，更难清除。清除污渍时，周边也要喷射少许清洁剂，否则会出现颜色不均的现象。

3. 皮沙发不需要频繁地清理，一年左右保养一次就可以了。使用清洁剂时不要直接喷射沙发表面后任其自然晾干，这样容易造成皮面损伤以及脱色等。

卧室：纺织品看清材质分类清洁

被 芯

1. 棉被不可清洗，污渍处可用湿布蘸取中性洗涤剂擦拭晾干。

2. 蚕丝被不可清洗，如果有污渍，可用中性洗涤剂擦拭晾干，或去干洗店用专用药水擦拭清洗。

3. 化纤被可常温洗涤，使用中性洗涤剂机洗或手洗，低温熨烫。可机器脱水或转笼干燥，但不能干洗、氯漂。

4. 羊毛被需要专业干洗，羽绒被不能干洗，需要选择专业的羽绒清洗服务。

枕 芯

1. 荞麦枕如果已经使用了 1~2 年，可以将荞麦取出放在清水里淘洗两次，然后平摊晒干再装回枕芯。

2. 普通化纤枕芯，放入含有中性洗涤剂的水中轻柔手洗。洗净后将水分挤干，平摊晾干；含特殊填充物（决明子、玫瑰花等）插袋的枕芯，先将插袋取出晾晒。

3. 乳胶枕需手洗，将乳胶枕浸入混合了中性洗涤液的凉水中，轻轻挤压拍打即可。清洗完毕后，用毛巾包裹枕芯并轻轻按压以去除多余水分，置于阴凉通风处晾干。

厨房：水加清洁液煮沸可巧除油污

1. 喷上油烟机清洗剂后，不要急于去擦，一定要让油烟机清洗剂与油污有充分融合的时间，才能达到较好的清洁效果。

2. 粉状清洁剂去污力较好，但其中的物质可能伤害厨具表面。使用去污粉加钢丝球的方法，易造成器具表面划痕，导致污垢积聚更难去除。

3. 厨房油污清洗剂一般都是碱性配方，会对人体或其他不适于使用碱性清洁剂的器具造成损害，使用时最好佩戴手套，防止皮肤过敏。

卫生间：擦净玻璃卫生间焕然一新

虽然洁厕灵对水垢具有彻底的清洁作用，但由于洁厕灵内含有少量盐酸，具有一定的腐蚀性，接触皮肤会产生刺激性，因此在使用洁厕灵进行清洁玻璃时，要进行适当的防护，如佩戴胶皮手套、口罩、眼镜，避免光脚穿拖鞋；洁厕灵的味道刺激，操作时最好将窗户或排风扇打开，及时通风散味。

藏在你身边的"细菌炸弹"

门垫。门附近是家中最脏的区域之一，如果门垫上病菌聚集，每次经过它进入家中都会将病菌带进屋内。

除菌方法：每周使用除菌剂对门垫进行消毒；尽量将鞋子放在门外；不要在门垫上放包或食品杂货。

水龙头。流水使得水龙头湿润，成为病菌繁殖的理想之地。如果不小心用脏手碰到了龙头或者龙头被食物污染，病菌就会在龙头里大量繁殖，最终会形成微生物膜附着在里面。微生物膜会变大破裂，落到食物和碗碟上，危害人体健康。

除菌方法：每周用稀释后的漂白剂浸泡，然后让自来水流一段时间再使用。

汽车仪表盘。温暖的仪表盘适于病菌生长。当含有霉菌孢子和细菌的空气被吸进车内后，通常会附着在上面。

除菌方法：经常使用消毒液对车内进行擦拭，特别是在过敏季节，更要注意车内卫生。

调料瓶。许多人在取用醋、酱油、番茄酱等调料瓶前并不洗手，这样有可能造成病菌交叉感染。

除菌方法：经常对调料瓶外表面擦拭消毒；使用时尽量不要让调料流到瓶身上。

吸尘器。吸尘器会吸进大量病菌和其喜欢的"食物"。一项研究发现，13% 的吸尘器有大肠杆菌，这意味着每次使用时都可能令其中的病菌四处扩散。

除菌方法：在户外更换灰尘袋；最好选用带防菌功能灰尘袋的吸尘器；对没有灰尘袋的吸尘器，要使用漂白剂定期清洗，并自然晾干。

洗手液瓶。约25%的洗手液瓶身被粪便细菌污染。专家表示，随着皂垢累积，细菌也随之生长。

除菌方法：每次洗手最好在流水下搓洗 15~20 秒。

冰箱密封圈。美国亚利桑那大学调查发现，冰箱的密封圈检测出霉菌的概率为83%。每次打开冰箱门时，这些霉菌就会趁机传播。

除菌方法：至少每周使用稀释的漂白剂或消毒剂对冰箱密封圈进行清洗。

初夏这些扫除请跟上

1. 用滤网型吸尘器。吸尘器最好用带高效粒子空气过滤芯（HEPA）的。这类吸尘器可以吸除小到 0.3 微米的颗粒，这意味着多数过敏原都可有效去除。

2. 不铺地毯。地毯（特别是卧室地毯）温馨舒适，可也最易藏匿灰尘、花粉和宠物毛屑等过敏原。在地毯上行走，很容易使这些污染物随尘土扬起，散布到空气中，被人吸入体内。如果家里有孩子、老人或家人易过敏，最好别铺地毯，用实木地板相对好些。

3. 从卧室开始清查。防止过敏的第一步是明确过敏原。家中最常见的过敏原包括：尘螨、霉菌、花粉和宠物毛屑。首先应该从尘螨查起，枕头和床垫等床上用品是最容易藏纳尘螨的。床上用品应每两周用热水清洗，每天在阳光下曝晒。

4. 厨卫别积水。卫生间是家中最容易滋生霉菌的场所之一。因此，卫生间应该保持通风，防止积水，控制好湿度。厨房水池下容易滋生霉菌，要定期清理。

5. 选择可机洗窗帘。百叶窗帘比织物窗帘更少堆积过敏原，也比较适合夏季使用。如果喜欢使用织物窗帘，最好选可机洗的，方便定期清洗，避免积聚灰尘等污物。

6. 安装湿度计。室内湿度大易滋生霉菌。购买一个湿度计，经常检测每个房间的湿度。如果室内湿度超过60%，那么应该考虑使用减湿器，或调整开窗通风时间。

蚊子怕辣　蟑螂怕香

蚊子怕辣味。家里种植的花草多，蚊子也跟着多。将蒜头分植于花坛四周，其特殊的辛辣味可以驱蚊。

蟑螂怕香味。将一块浴用香皂切成数小块，置于容器内注入清水，摆放在蟑螂出没的橱柜内。数日后，橱柜里的蟑螂无影无踪，柜内还多了怡人的香味。想要效果持续，仅须定期补充香皂容器内的清水。

蚂蚁怕酸味。将整个新鲜柠檬对切成两半，将汁液挤抹在蚁路或蚂蚁经常出没的地方，就能收到驱赶之功效。

预防白蚁入侵的窍门

若有飞白蚁侵入，可于灯下放盆水，飞白蚁便会"自动投水"淹死在水盆中。保持家居清爽干燥也可以预防白蚁。有不少例子因为屋内水浸后，没有妥善处理，而很快被白蚁入侵。所以一旦屋内有水浸问题要尽快处理，以减低诱使白蚁进屋的机会。少用木器家具，断绝白蚁粮草，更可于装修前喷洒白蚁药，加强抗白蚁能力。

包汤圆　灭顽鼠

这里所说的顽鼠，是指那些在一次次的灭鼠活动中总能逃脱而得以幸存下来的少数狡猾的"老鼠精"。仿照包汤圆的方法，使毒鼠药物深藏不露。只要老鼠无法从毒饵中嗅出异（药）味，其就不会拒食。再者，包成的汤圆颗粒最好如同豌豆大小，老鼠可以一口吞下。颗粒大了，一经咬碎闻到异味，老鼠即使吃到嘴里也会吐出来。

灭蟑知识问答

为什么要在冬季灭蟑？冬季蟑螂喜欢活动于炉灶、暖气等附近，分布相对集中，利于采取杀灭措施，达到事半功倍的效果。

防治蟑螂最好的办法是什么？清除室内食物垃圾，断绝水源，清理杂物，综合用药，堵洞抹缝，不给蟑螂留生存的空间。

灭蟑药物要保留多长时间？为保证灭蟑效果，灭蟑期间药物至少保留 1~2 个月，同时，收藏好食品，把垃圾清理干净，发现死蟑螂和卵荚应及时清除烧掉。

没有食物蟑螂大约能存活多久？没有食物蟑螂可以存活一个月，没有水只能存活一星期。因此，断绝食物来源和水源是防止蟑螂过快繁殖的关键。

有必要进行二次灭蟑吗？一般杀虫剂只能杀死蟑螂的成虫和若虫，但对卵荚不起作用。存活的卵荚几十天后孵化出的小蟑螂又可使蟑螂密度上升，所以必须进行二次灭蟑，灭蟑后及时清除卵荚。

蟑螂是否只喜欢脏的地方？只要有食物和水，无论在家庭还是在高档宾馆都能看见蟑螂的踪迹，所以蟑螂的多少和建筑环境关系不大。

蟑螂最喜欢吃什么东西？蟑螂几乎什么都吃，如各种食品、垃圾、排泄物、衣物、书籍等都是蟑螂的食物，尤其是香甜食品。

在缺少食物的时候，蟑螂还吃同伴的尸体、排泄物。

灭蟑螂　提前布药在死角

与蟑螂的斗争，要打持久战，尤其是楼下有餐馆的人家，一定要提前买蟑螂药，科学地布置在家里。

据了解，蟑螂主要盘踞的地方有：沙发，尤其是布艺沙发；暖气，尤其是封了暖气罩的；紧贴墙壁安放的各种橱柜及悬挂的吊柜与墙壁之间的狭小空隙和橱柜内；冰箱、冰柜的底座、压缩机的小室、电源开关等；厨房操作台周围的卷边缝、菜板的裂缝等；排污水沟、电线和水管的穿墙孔；食品箱、杂物堆、粮食堆、水池底下、破裂的瓷砖缝等；卫生间水池底下的缝隙、镜子与墙壁间的缝隙、衣服柜、床头柜以及桌子抽屉等处，偶尔也在地毯底下。对于这些死角，至少要三个月左右放一次蟑螂药，特别是在搬家的时候，更要提前布好药。

居家除虫大作战

蟑螂：物理方法最好

目前市场上的灭蟑药有很多种，不要选择有机磷、有机氯类的灭蟑药，这类药物主要以熏杀害虫为主，对人的呼吸道有刺激作用，不利于人体健康。

而粉剂、颗粒状的灭蟑药一旦遇水非常容易失效，因此也不建议家庭使用。

家庭中最好选择聚酯类的胶饵或物理性的粘蟑板，灭蟑效果好，还不会污染环境。

要仔细检查家里下水道、墙壁裂缝、地砖缝及窗户等处，蟑螂最爱从这些犄角旮旯儿爬进居室。

蟑螂喜欢生活在潮湿的环境中，因此平时要尽量保持室内干燥，居室里不要有任何漏水的地方，尤其是厨房中的水池。

用餐后要将食物及时密闭，并将餐具用热水冲洗干净，垃圾桶内的垃圾要及时清理。另外，炉灶等容易沉积油污的地方也要定期清洁。

飞虫：喷洒型气雾剂最佳

杀灭飞虫可以选择菊酯类喷洒型的气雾剂，这类产品可近距离接触害虫，毒性低，更安全。不过，一定要购买正规知名厂家的产品，还要注意使用期限。

螨虫：床垫清洁最重要

沙发、靠垫、床垫以及床上用品都是滋生螨虫的温床。研究发现，在空气湿度低于60％的环境里，螨虫与霉菌均难以生存。因此，最好每周换洗一次床单、枕套、枕巾等床上用品，被褥也要经常洗晒。贴身穿着的棉毛衫裤应用热水洗涤，在太阳下晒干，尽量不要阴干。

蛀虫：慎选樟脑球

樟脑球是防止蛀虫侵害的主要"武器"。一定要购买天然的樟脑球，不要选择含萘的不合格樟脑球，并且要到正规的商场购买。购买时要注意鉴别：含萘的樟脑球大多呈白色，气味刺鼻，能沉于水中；天然樟脑球则质地光滑，一般是无色或白色的晶体，气味清香，能够漂浮在水中。

毛衣、毛料、羊绒等衣物容易被虫蛀，最好单独存放，可以装在整理箱或大塑料袋内，再放入适量的樟脑球。

另外，还可以自制一些简单的材料放在衣柜，也能起到防虫驱虫的作用。比如将八角用布包成小香囊，或将香樟木的原材料用纸或布包成小包，放进衣柜，能起到驱虫防霉的作用。

打响夏日灭蚊战

灭蚊四大绝招

清洁最重要。平时要注意室内的清洁卫生，定期打扫，不留卫生死角。可以在暖气罩、卫生间角落等容易藏匿虫卵的地方喷洒杀虫药剂。有儿童的家庭，最好选择儿童不在的时候喷洒，并注意通风。

物理防蚊效果好。在众多的防蚊方法中，物理防蚊的办法最适合老年人。家庭可以使用纱窗、纱门，睡觉时使用蚊帐，这样既能避蚊又能防风，还可吸附飘落的尘埃。另外，驱蚊花露水也是不错的选择，只要涂抹在身体裸露部位，每次时效可达5小时。除了驱蚊功效外，有些花露水中还含有中草药成分，有清凉、去痱、避暑等功能。

傍晚出行莫大意。晚间户外的蚊子比较猖獗，出去散步可以自备扇子轻轻扇风，驱赶蚊子。

灭蚊时间选黄昏。蚊子的活动习性是天亮之后在室外活动，黄昏天暗后回到室内活动。因此，黄昏时分是灭蚊的最佳时间，可以选择这个时间段喷洒杀虫剂。喷洒前将门窗关好，在室内各处均匀喷洒，喷洒半小时后再进房。如果使用电蚊香片，最好放在窗前，并注意房间通风，尽量远离头部。

防蚊新武器

驱蚊贴。采用天然防蚊植物萃取物的驱蚊贴，只要撕开产品包装袋，取出驱蚊贴片，直接放入衣服口袋；或揭去粘贴膜，将粘层面粘贴于袜子、内衣外侧或上衣、裤裙内侧，就可以达到很好的驱蚊效果。

驱蚊香包。驱蚊香包内含多种芳香药物，不仅可以驱蚊除虫，还可以去湿防潮。

电子驱蚊器。它是采用数字电子技术，通过物理方式驱除蚊虫的驱蚊器。在使用时无须加入杀虫剂，无毒无味，清洁卫生，对人体和环境都没有任何损害，驱蚊有效面积可达到120平方米以上。

驱蚊手环。直接戴在手腕上就可以起到装饰和驱蚊的双重作用。其采用香茅精油、超微纤维纺织布、薰衣草提取物精制而成，对人体无毒、无害，主要是依靠香茅这种植物本身的味道来达到驱避蚊虫的效果。

蚊香傍晚点，临睡灭

夏夜，很多人整夜点着蚊香。然而这样做会给健康带来许多损害。

蚊香中含有苯、苯酚和二甲苯等物质，这些物质都有一定毒性。同时，有些蚊香燃烧还会产生一定量的香灰，其中除了一部分草木灰外，还含有少量的铅、铬等重金属，如果香灰扩散到空气中，重金属以及附在灰尘上的细菌会被人吸进呼吸道，可能引发多种呼吸道疾病，并且对皮肤不利。此外，蚊香燃烧还会消耗掉室内部分氧气，如果房间密闭，会影响室内的空气环境，严重时会让人睡不好觉，第二天起床感到头昏脑涨、萎靡不振。

其实，点蚊香最好的时机是傍晚时分。因为此时蚊虫最为活跃，最易被驱出室外或"熏晕"。建议在傍晚太阳下山时点蚊香，在睡前熄掉。

如何快速灭"小强"

如果家里蟑螂比较多的话,物理灭蟑的方法可能就不太管用。要从根本上消除蟑螂的危害,最主要的是蟑螂的化学防治。

毒饵。这种颗粒状的毒饵用的时候一定要用小瓶盖,啤酒瓶盖、药品盖都可以。使用的时候要记住六个字:量少、点多、面广,每个点量一定要少,一个瓶盖里面只要 0.2 克就行了。

胶饵。胶饵是胶状的,它一般都封在一个注射器里面,它可以直接处理到缝里面。而且它处理完了以后,一般至少能保证两个月有效。在家用电器设备里面,最主要推荐的就是用胶饵。胶饵湿润可口,很对蟑螂的胃口。胶饵使用的时候一定要点状处理,隔一段距离点一点(米粒般大小),不要给它弄成一条线。但点一定要多,比如在厨房里面使用的话,要布 25~30 个点。如果家里蟑螂多,加倍,60 个点。如果你家里面没有蟑螂,或者没见到蟑螂,那么建议大家在几个重要的部位,三个月或者半年点一次,预防一下。第一,水池子下面;第二,抽油烟机排风的管道。

灭蟑粉。灭蟑粉使用时要注意两点:第一,一定要用在干燥的地方。第二,尽量用在一些比较隐蔽的部位,比如柜子后面。不要用在经常活动的地方,特别是如果家里有小孩,养了宠物,更不要在明面上使用粉剂。粉剂是一个速杀剂,蟑螂接触到粉剂后,很快就会死亡。粉剂使用的时候,应该撒上薄薄一层,或者把它弄成一条线。

防臭虫牢记六字诀

查：臭虫可通过行李、货物、衣服、纸箱等物品搬运带入家中，因此要仔细检查搬入的这些物品，防止将臭虫的成虫及虫卵带入。

堵：可用水泥、石灰将墙缝、管道、地板缝隙等微小缝隙堵住，避免外来臭虫爬进。

敲：90%的臭虫喜欢栖息在床板、床垫、书柜、衣柜等缝隙较多的地方，对于数量不多的臭虫，可以通过不断敲击这些地方，将臭虫震出然后杀死。

烫：臭虫只要在温度达到45℃～60℃的环境中停留60分钟以上，就会被高温杀死。因此，可以把衣服、被褥放在沸水中煮沸1小时，或用开水浇烫床板、书橱和家具的缝隙。

晒：除了用开水烫，还可以将衣服、床褥、衣柜等放在太阳光下暴晒2～4小时，使臭虫因高温晒死或爬出而被杀死。

喷：臭虫数量较多时，可用溴氰菊酯、氯氰菊酯、残杀威等常用杀虫剂来杀灭。比如，用2%的硫磷粉剂将药粉调成糊状，涂抹在缝隙处（2～4天／次）；也可用2.5%的溴氰菊酯用水稀释50～80倍后喷洒床板、衣柜等处（2～3月／次）。

防蚊五要点

没有水，蚊虫无法生存。蚊子的一生包括卵、幼虫、蛹、成虫四个时期，蚊子从卵到成虫，需在水里过约 7 天，可见没有水，蚊虫是无法生存的。自然形成的河流、湖泊，下雨后留在地表的水坑、各种小型容器中的积水，均有可能成为蚊虫的滋生场所。据观察，一个 100 毫升汤勺的水中，就有蚊子幼虫 100 多条。

院子里、花盆下、空调处易藏蚊。至少每周检查和清除一次有积水的环境，如小型容器、盆栽垫盘、空调托盘、厨房卫生间地漏等。"翻盆倒罐"虽然是个简单的事情，对于消灭蚊虫却大有裨益。其次，要有必备的防蚊设施。完整无损的纱门、纱窗，防止蚊子进入室内。

一般防蚊水保护时间为 1 ~ 6 小时。如果傍晚外出，可以在脸、颈、手、踝、小腿等裸露部位均匀涂搽蚊虫驱避剂，一般市售的驱避剂保护时间为 1 ~ 6 小时；蚊帐是保护人不被叮咬的好方式，蚊帐可选择颜色较淡的，白色最好，因为蚊虫喜欢栖息在较暗的处所，且白色便于发现和捕捉飞入帐内的蚊虫。

家庭常用蚊香、灭蚊灯和气雾罐。家庭常用的灭蚊方法主要有蚊香、灭蚊灯和气雾罐等。这些方法各有各的利弊：有的作用缓慢，有的药力持续性差，有的处理不够全面。如何能安全环保，又方便、快速、有效地灭蚊呢？目前最好的灭蚊方式是熏蒸灭蚊，使用专业熏虫器和熏虫剂，只要 9 分钟就可以杀灭蚊子，安全有效。如果蚊虫密度很高，世界卫生组织推荐使用 0.01% 的溴氰菊酯水溶液浸泡蚊帐，晾干后使用；在房间内安装纱门、纱窗，能有效地防止蚊虫飞入室内；纱门、纱窗上涂上杀蚊药剂或相同剂量的溴氰菊酯，效果更佳。

提前在睡前 1~2 小时点蚊香。蚊香一般分为盘香、电热蚊香片、电热液体蚊香三种，主要成分多为胺菊酯、高效氯氰菊酯等拟除虫菊酯类药物。很多人是在睡前使用蚊香，实际上，蚊香点燃或加热后 1 ~ 2 小时，才能达到最佳效果，所以应在睡前 1 小时之前点燃盘香，或 2 小时之前通电加热蚊香片或蚊香液。

五招教你防治白蚁

1. 木质纤维、纸皮、书本都是白蚁的最爱，当中尤爱吃松木，如果木材中有松香味，更会引来白蚁"大饱口福"，因此松木板、松木天花板都很容易成为白蚁蚕食或者藏身之所，要多加留意。

2. 白蚁筑巢后特别怕受到干扰或者震动，因此静止的木材或者家具都是白蚁最佳藏身之所。

3. 新房装修前最好先做一个全屋的白蚁预防，喷洒防白蚁药水（但药效只能维持 3 年）。装修时尽量少用木材。

4. 白蚁多是沿着墙边、墙角、天花板等依靠墙体位置筑巢，通常会有一条"蚁路"，"蚁路"其实都是黑色或者灰白色的白蚁排泄物，受白蚁侵蚀的天花板会有烂印或者发霉迹象，地板则会变得松软、鼓胀。

5. 杀虫水能对飞白蚁起速杀作用，但如果白蚁已经成巢，这时就不能用杀虫水喷杀，因为不但不能根除，还会"打草惊蛇"，吓得白蚁转移到别的地方筑巢。对蚁巢应用灭蚁药粉根治，灭蚁药粉具有传染性，散在白蚁身上，让它在蚁巢内传播，能起到根治效果。而且蚁群越多效果越明显。

家居

餐具使用手册

不锈钢锅先"穿衣"。使用前，在不锈钢锅的表面涂上一层薄薄的植物油，然后置于火上烘干。这样做等于为不锈钢锅"穿"上了一层微黄色的"油膜衣"，日后使用时既容易清洗，又能够延长不锈钢锅的使用寿命。使用后应立即用温水洗涤，以免油污、酱油、醋、番茄汁等物质与其表面发生化学作用，导致不锈钢表面失去光泽，甚至产生凹痕。不锈钢锅清洗以后，应立即擦干外表的水渍。因为在加热时，燃烧产生的二氧化硫遇水会生成亚硫酸和硫酸，从而影响不锈钢锅的使用寿命。不锈钢锅在使用一段时间后，表面会有一层像雾一样的膜，这时可用软布沾上一些去污粉或洗洁精擦洗，便能恢复其原有光亮。如果不锈钢锅的外面已被油烟熏黑，也可以用这个方法清除。

菜刀锋利巧防锈。每次使用完菜刀后，用开水淋一下刀面也能起到防锈的作用。如果菜刀表面已有锈迹，可用以下方法去除：1.先用食醋擦洗刀面，然后用温水洗净，即可除去锈迹。2.定期用淘米水浸泡菜刀，这种方法既可防止菜刀生锈又能除锈。

玻璃餐具防爆裂。玻璃餐具如若使用不当，很容易引起爆裂，甚至酿成惨剧，建议在第一次使用前，先将玻璃餐具放入冷水中逐渐加热煮沸，然后再等其自然冷却。这样便可以消除因退火产生的内应力，从而可避免玻璃餐具的爆裂意外。此外，在日常使用过程中，还应注意以下三点：1. 擦洗果盘、凉瓶、冷食玻璃餐具时，如果表面油渍少，使用茶叶渣擦洗，去污效果较洗洁精更理想。2. 当玻璃餐具油污重时，可用硬毛刷沾少许洗洁精，在其表面进行画圈式的洗刷，这样餐具上的油污便能很快被刷净。3. 擦洗有印花图案的玻璃餐具时，建议使用薄绵纸而不是洗洁精，因为洗洁精有可能会腐蚀其表面上的印花图案。

居室温湿度调到多少好

温度 25℃最舒适

美国康奈尔大学的专家做了个实验：将某公司的 9 个营业点的室内温度调到不同的值，并测定各营业点职员的工作效率及文字输入的准确度。结果表明，生产效率最高、文字输入出错率最低的营业点的办公室温度为 25℃；与 25℃的办公环境相比，20℃的办公环境会使生产率降低 150%，错误率升高 44%，职员文字输入出错率为 25%，任务完成度只有 54%；当温度降到 20℃以下时，生产效率最低，文字输入出错率最高。

湿度 45% ~ 65%RH 最适宜

单纯提高室内温度会使室内湿度降低，而干燥的空气会让人不舒服，甚至引起"上火"的现象。

当空气湿度低于 40%RH 的时候，细菌和病毒容易随着空气中的灰尘扩散，而人体呼吸道黏膜容易脱水、弹性降低，黏液分泌减少，黏膜上的纤毛运动减缓，灰尘、细菌等容易附着在黏膜上，刺激呼吸道，引发气管炎和哮喘。

研究表明，在相对湿度为 45% ~ 65%RH 的环境中，人体感觉最舒适。而在冬季供暖期，通常室内湿度仅为 15%RH。此时应使用加湿器或用湿拖把拖地，或者在暖气上放置水盆，以增加空气湿度。在居室内养两盆水仙花，不但能调节室内相对湿度，还会使居室内充满清香，显得生机勃勃。

简单方法让居室降温

启闭门窗有学问。夏天白天室外气温高，门窗大开，阳光和热辐射伴着阵阵热空气向室内袭来，会使室内外变得一般热。因此，可以在早晚凉爽之时开启门窗通风，在白天尤其中午将门窗关闭，并拉上窗帘，阻挡阳光，能使居室变凉快。

风扇＋水好降温。用湿拖布擦地后，开电风扇使地面水分蒸发吸热，也可在风扇前置一盆凉水，开启风扇，这样也可起到降低室温的作用。

干净整洁祛烦躁。夏天室内一定要收拾得干净整洁，使室内有较大空间，这样会使人感到舒适。否则室内凌乱易使人感到闷热、憋气，心情烦躁。

实用的刨冰机。炎炎夏日，酷暑难当，不如买台刨冰机动手做一份可口的水果刨冰，既解馋又去暑。

自制花草枕头

一张旧竹席或旧草席，一段布料，将平时冲完茶后剩下的茶叶准备好，买点菊花、茉莉花，将它们晒干，步骤就是首先将布料裁剪成不同形状，如心形、卡通猪等图案的两张布料，再将它们缝制成枕芯袋，将花草、精油，其他香料填充进去后，就可以将枕芯袋口缝好。再将旧竹席或旧草席照样裁减成相应的形状，用它们来做枕套，考虑到旧竹席或旧草席缝制时易松脱，可以用昔日补烂席的土办法，用碎布条包住旧竹席或旧草席的边缘，再缝上。当然你也可以事先在碎布条上缝上个性化的图案，花草鱼虫等，为节省图案装饰的功夫，也可以挑选一些已具有心仪图案的布料来做。

除异味，就这么简单

除体味：喷香水要"听"布料的。香水是最简单的除味剂，但除味的能力还要看布料的材质，一般来说，人造绸缎、涤纶、尼龙等，因为表面密度比较大，不能很好地滞留香水的气味。当穿着这些材料的衣服时，最好选择一些浓烈的香水，可以在此类布料上保持长时间的香味。

而纯毛、纯棉衣物，由于透气性很好，若选择浓烈的香水则容易和体味混合，产生更加刺鼻的气味。此时，最好选择淡一点的香水略加掩盖就好。

如果穿着皮衣的时候，最好在皮衣里喷洒一些淡型香水，这样不会导致浓烈香味与皮衣气味混杂，也不会导致汗味在敞开皮衣后大规模地散发。

除口气：最好的"口香糖"是多喝水。中医认为口臭与胃火有很大关系，因此，祛除口臭要尽可能地败火，最简单的方式就是勤漱口，多喝水，尤其是绿茶或花茶，茶叶中的儿茶酚能杀灭口腔中的细菌，清香的气味也能让口气更加清新。

冰箱除味：滴几滴美容精油。用来熏香的精油，往往几滴就能做良好的冰箱除味剂，可以在100毫升清水中，加入5滴葡萄精油、柠檬精油或柳橙精油，装在喷壶中，喷洒在冰箱内部。

由于精油的挥发时间比较长，所以往往喷一次就可以在几天内都保持作用。

卫生间除味：抹些清凉油。可将一小盒清凉油开盖放置在合适位置，使清凉油味溢出，半个月左右刮去最上面一层，如此周而复始，可以祛除卫生间的异味。一盒清凉油可用2～3个月。

汽车除味：放点菠萝皮。菠萝对于不良气味有强大的吸附功能，而气味也比较中和，不至于特别浓烈，散发气味的时间也较其他水果更长一些。可以把削好的菠萝皮放在一个小袋子里，悬挂在车窗前，可以保持一个多星期清新的空气。

自制风格灯罩

用绢花或树脂鲜花装饰灯罩。将绢花或是树脂鲜花装饰在灯罩上，原本普通的台灯立刻变得引人注目。不要忘记在灯罩的上下边缘绕上绿叶，它们更能衬出花的鲜美。

拼贴画装饰灯罩。利用拥有夸张色彩、趣味图案以及特殊质地的拼贴画，如剪纸、邮票、海报相片等，来装饰纸质灯罩是一个简单又有创意的主意。

质朴的乡村风格灯罩。将包装绳或是麻绳绕在白色灯罩的上下边缘，用胶水固定、压平，灯座也缠绕上同样质地的绳子。用不了多少钱，就可以制造出质朴的乡村风格。

装点童趣灯罩。用一块格子布和几颗纽扣，可以把一个朴素的灯罩变得极具童趣。相信，家里的小朋友一定会爱不释手，而童心未泯的您也会把它当成宝贝。

自然风格的灯罩。将轧平的树叶随意地贴在灯罩上，上下穿入皮质的绳子强调边缘感，一个自然风格的灯罩就瞬间完成了。

古典美感的灯罩。将装饰性的花边粘在灯罩下边缘的内侧，之后，在灯座的长柄上系上一个素雅的花布蝴蝶结，古典的美感，怎能不让人心动？

优雅风格的灯罩。将缎带的两端固定在灯罩的反面，然后将小蝴蝶结间隔着缝上去，一个优雅风格的灯罩就完成了。

打造健康家居的十个细节

1.卫生间太潮易得病。潮湿的卫生间容易使真菌滋生、繁殖，诱发呼吸道疾病。所以，湿墩布应晾干后再放入卫生间；保持下水道的畅通；勤开排气扇。

2.巧除家中异味。下水道口洒点山药水，花盆中掺一些鲜橘皮，壁橱、抽屉内放一包晒干的茶叶渣，炒菜锅中放少许食醋，加热蒸发，都能去除异味。

3.屋里花多眼睛累。室内摆放植物要少而精。太多会破坏环境的整体感，不仅难以起到调节心情的作用，还会造成视觉疲劳。

4.选对窗帘睡个好觉。植绒面料的窗帘较为厚重，吸音、遮光效果好；选用红、黑配合的窗帘，有助于尽快入眠。

5.淋浴房，全钢化玻璃最安全。使用半钢化玻璃或热弯玻璃，在冬天用热水或是夏天用冷水时，有可能爆裂，钢化玻璃的安全性则较高。

6.马桶刷，半年一换。马桶刷用久了刷毛会脱落，容易藏污纳垢，最好半年一换。

7.家具长虫，涂点花椒末。遭虫蛀的木家具，可将尖辣椒或花椒捣成末，塞入虫蛀孔，然后涂抹石蜡油，连续10天即可除虫。

8.选地漏，不锈钢的好。铸铁、铸铜地漏表面粗糙、易生锈，且排水量小、流速慢；不锈钢地漏抗老化性能好，遇冷遇热不易变形。

9. 壁纸，只贴一面墙。壁纸本身及胶黏剂会释放挥发性有机化合物，所以，不妨只用来装饰电视墙、主题墙等视觉点。

10. 出汗多，用竹炭床垫。竹炭的多孔结构，使床垫可以吸附人体排出的二氧化碳、氨及高湿的汗气，保持睡眠时身体舒爽。

怎样挑选塑料餐具

看。 一是要看产品标示，厂家地址、联系方式、是否取得了有关认证等。二是要看有无杂质，对着光线看，如果有不均匀的灰黑色灰尘颗粒就千万不要购买。三是看颜色，最好用透明无色的塑料制品。因为，着色必然要加入一些添加剂，就会使产品的安全性降低。例如，在彩色的塑料瓶中放油、醋、饮料等，就会溶解一部分色母料，人吃下去对健康不利。

闻。合格的塑料产品仅凭鼻子闻不到任何气味。如果打开盖子后闻到令人不舒服的味道，最好不要买。

摸。合格的塑料产品表面应该是光滑的、有一定的强度和弹性。

一般说来，市场上的塑料产品如果严格使用食品级的原材料就应该是安全可靠的。此外，使用塑料制品时，控制温度也很关键。通常，塑料制品都有一个耐温范围，平均在110摄氏度左右。当然，每种产品还是有区别的。如环保型快餐盒，只要温度别超过 120 ~ 130 摄氏度，就可以放心使用；硬塑料杯子、盒子等，其合格产品的耐温范围可高达 160 摄氏度，也就是说用微波炉热饭、热牛奶不会产生毒性。

玻璃家具保养妙招

1. 平时不要用力碰撞玻璃面，为防玻璃面刮花，最好铺上台布。在玻璃家具上搁放东西时，要轻拿轻放，切忌碰撞。

2. 日常清洁时，用湿毛巾或报纸擦拭即可，如遇污迹可用毛巾蘸啤酒或温热的食醋擦除，忌用酸碱性较强的溶液清洁。

3. 有花纹的毛玻璃一旦脏了，可用蘸有清洁剂的牙刷，顺着图样打圈擦拭即可去除。此外，也可以在玻璃上滴点煤油或用粉笔灰和石膏粉蘸水涂在玻璃上晾干，再用干净布或棉花擦，这样玻璃既干净又明亮。

4. 玻璃家具最好安放在一个较固定的地方，不要随意地来回移动；要平稳放置物件，沉重物件应放置在玻璃家具底部，防止家具重心不稳造成翻倒。

5. 使用保鲜膜和喷有洗涤剂的湿布也可以让时常沾满油污的玻璃"重获新生"。首先，将玻璃全面喷上清洁剂，再贴上保鲜膜，使凝固的油渍软化，过十分钟后，撕去保鲜膜，再以湿布擦拭即可。玻璃上若有笔迹，可用橡皮浸水摩擦，然后再用湿布擦拭；玻璃上若有油漆，可用棉花蘸热醋擦洗；用清洁干布蘸酒精擦拭玻璃，可使其亮如水晶。

选凉席 "因地制宜"

皮凉席是"万能凉席"。牛皮凉席的价格虽然昂贵，但它能同时适合有空调和没有空调的房间。牛皮凉席具有透气、散热、吸汗、防潮四大功能，尽管是皮料制作，但是和人的肌肤接近的时候也会体现其柔和的特性，在有空调的房间内并不是很凉。在无空调房间内，牛皮凉席恒温的特性也会体现出来，它与皮肤接触后并不会随着皮肤的温度而增高，而是保持恒温、柔和的状态，是夏天里凉爽的好选择。

空调房间选草凉席。空调房的温度较低，所以应选用柔软的、手感舒服的草凉席。草编凉席自然细密、清凉滑爽、透气性好，能够调节人体体表温度，特别适合在空调房间中使用。亚麻凉席也具有同样的优点，在散热的前提下又能很自然地调节人体的温度，让人在空调冷气的环境中不容易着凉。

普通房间选竹凉席。竹凉席在空调房间里会变得很冰冷，且导热能力并不是很强，容易降低体温的功能也让空调房里的床凉上加凉。不过在无空调房间里，竹凉席就派上了大用场。竹凉席不容易跟随人的体温改变而改变温度，可达到长时间凉爽的目的。

打破荧光灯要彻底消毒

密封荧光灯含有少量的汞——通常约5毫克。汞具有高毒性，尤其对胎儿和儿童的大脑会造成危害。

灯泡打破后，汞有可能蒸发为蒸汽被吸入，或变成细小颗粒物，藏在地毯和其他纺织品中。

美国环境保护署的吉姆·波罗主任建议，如果发生密封荧光灯爆炸，人们要马上打开窗户并出门。"许多问题会因及时通风而解决，"他说，"让人和宠物走出房间15分钟，让房间空气流通。"通风之后，较大的灯泡碎片应用硬纸拿起或戴手套拿起，以免接触；再用胶带粘回较小的碎片；接着，用湿纸巾或湿毛巾擦干净接触面。所有的材料应放在一个可密封的塑胶袋内，最好密封在有金属盖子的玻璃瓶里。波罗说，使用吸尘器或扫帚并不是好的选择，因为它们会将汞传播到其他地方。

常用家具木材品种一览

橡木：红橡木的木质颜色是白色至浅棕色，心材的颜色是粉红棕色。红橡木绝大部分是直纹，纹理粗糙。红橡木木质坚硬，重量沉。它的抗弯曲强度、硬度属于中等，具有很高的抗断裂强度及良好的抗蒸汽弯曲性能。

樱桃木：木质颜色是从深红色至棕红色。日照后颜色更深。边材为奶白色。樱桃木有统一的直纹，纹理光滑，有时呈褐色。樱桃木为中等密度，具有很高的抗弯曲强度，硬度较低，力度中等，耐震度中等，主要用于高级细木工制品、模制品、家具和箱柜等。

柚木：柚木具光泽，以缅甸产的为最好，柚木油性光亮，材色均一，纹理通直。柚木结构中有粗纤维，重量中等，干缩系数极小。

黑胡桃木：黑胡桃木具备中等的抗弯曲强度、抗断裂强度，硬度低，具抗蒸汽弯曲性能。黑胡桃木材的颜色，从浅巧克力色至深巧克力色，边材为奶白色。黑胡桃木为直木纹，有时出现曲线纹理，有装饰效果。

黑檀木：材性同乌木相似，纹理由深至浅交错，结构细密，硬且重，有油脂感，通常沉于水。

夏季室内污染最严重

日本室内环境专家研究证明，室内温度在 30 摄氏度时，有毒、有害气体释放量最高。而中国室内环境监测中心进行的夏日室内空气污染检测报告也称，此时屋内空气污染指标比其他季节高 20% 左右。

想要降低室内污染，开窗通风是最经济、最便利，也是最行之有效的办法。有研究发现，每天都有两个污染相对较低的时段，即上午 10 点前以及下午 3 点后。如果家中有老人，天气又不太热，可以严格在这两个时间开窗；如果都是上班族，则可以在早晨七八点钟通风，以及下午下班后通风。如果窗户是朝东或北方的，下午四五点之后即可开窗，而若是朝西或南方的，则要等到下午 6 点之后再开窗。

一次开窗时间的长短可以视室内外温差而定，如果室内外温差较大，差了十几摄氏度，通风 10 分钟左右；如果外面不太热，就要延长通风时间，至少 30 分钟。

除此之外，安装换气扇通风也是个好方法。换气扇依靠风力推动换气，可以保持室内外空气及时交换和流通。

现代书房的布置攻略

书房里家具的选购和摆放都有很大的学问。书房经常承担着书写、电脑操作、藏书和休息的功能，因此，书房中常用的家具是书架、写字台、电脑桌及座椅或沙发。选购时尽可能配套，做到家具的造型、色彩一致。

写字台内应该有存放文件和小物品的地方。最方便的是在写字台两侧有可拉出的托架，这种托架可用时拉出，用毕推回。还有一种写字台也很方便，它的两侧有挂斗，挂斗内可以竖着放硬纸板做的文件夹。

写字台桌面的光线很重要。光线应足够，并且尽量均匀。桌面上的明度与周围明度不要形成强烈对比，最好采用可根据需要改变光线方向和光源距离的灯具。写字台的高度要适中，要留有腿在桌下活动的足够区域。而座椅应与写字台配套，高低适中、柔软舒适，最好能购买转椅，以方便人的活动需求。根据人体工程学设计的转椅有效承托背部曲线，应为首选。

选择书柜时首先要保证有较大贮藏书籍的空间。书柜间的深度宜以30厘米为好，过大的深度浪费材料和空间，又给取书带来诸多不便。书柜的搁架和分隔最好是可以任意调节的，根据书本的大小，按需要加以调整。

半身的书架靠墙放置时，空出的上半部分墙壁可以配合壁画等饰品一起布置。落地式的大书架有时可兼做间壁墙使用。一些珍贵的书籍最好放在有柜门的书柜内，以防书籍日久沾满尘埃。

厨房收纳八大技巧

1.同样的东西要一起收纳。厨房里是柜子最集中的地方，特别是还有各种各样的抽屉、挂篮等，弄不好，经常连自己也找不着要用的东西，所以最好的办法就是碗盆、干货、杂物、饮料分类放置，这是一种非常好的收藏习惯。

2.考虑厨房物品的使用频率来分别收纳。比如经常使用的碗、盆放在低处，而一些不常用的鱼盆、煮锅等放于高处，这样再也不用费劲地到处找盆子了。

3. 增加架子，减少空间的浪费。如果做吊柜费用太高或使空间过满，那么就可以用架子来解决。比如用三脚架把微波炉吊起来，就可让台面的可用"地盘"更大了。

4. 依东西的特色决定立放、并排、隔间、重叠或吊挂等方式收纳。比如炒勺、毛巾等最好挂起来，而盐瓶等瓶类物品最好并排隔开放置，这样可以节省空间。

5. 零碎物品归类收纳。小物件是厨房里最碍眼的东西，别看个小却非常占地儿，不如把它们分门别类用盒子或托盆集中放置，找起来会很便利。

6. 要有备用空间来收纳新近购买的物品。这一点非常重要，因为每次从超市回来，都会购买一大堆厨房必需品，这些东西可要及时处理，否则又会成为新的"杂物"。

7. 不要累积过多的物品。学会放弃才能真正解决厨房里的零乱，没用的东西尽量丢掉，这样厨房才会清清爽爽。

8. 划分好隐藏式收纳和开放式收纳的不同功能区。划分区域在设计之初如果没做好，现在处理也不晚，合理进行划分，那些零乱的东西就都"不见"了。

夏天家具巧保养

木质家具。夏季要将家具远离热源或空调风口，以避免巨大的温差使家具损坏或过早老化；实木抽屉、拉门可能会因过度膨胀而难以开合，可以在抽屉、拉门边缘和底部滑道上涂抹蜡或石蜡。

布艺沙发。夏季，由于烈日的暴晒、巨大的温度变化等因素都会使布艺沙发日渐紧绷、褪色，最好经常使用吸尘器或刷子除去沙发上的灰尘，以此防止灰尘或污渍长时间遗留在纤维里。

皮质沙发。夏季汗多，皮革的孔隙会吸收汗液，高温潮湿会使汗中的有机物与皮革发生化学反应，易产生异味，因此要勤用抹布擦拭。

植物装饰　多不如巧

选择种类要适宜。总的来说，要充分考虑室内较弱的自然光照条件，多选择具喜阴、耐阴习性的种类。客厅相对来说可以摆放一些体积稍大、枝叶宽厚的植物，如绿萝、巴西木等；书房宜选择观叶植物或盆花，如在书桌上摆一盆文竹或万年青，可创造出幽雅宁静的气氛；厨房的温、湿度变化较大，宜选择适应性强的小型植物，如吊兰、蕨类植物；卫生间最好选择抵抗力强且耐阴暗的羊齿类植物，以适应阴暗潮湿的环境。

植物搭配要合理。室内摆放植物，要选择视线的最佳位置。一般最佳视觉效果，是在离地面 2.1～2.3 米的位置。同时要讲究植物的排列组合，如前低后高，前叶小、色泽明亮，后叶大、颜色浓绿等。

摆放位置要得当。植物布置要考虑到房间的光照条件，枝叶过密的花卉若放置不当，可能给室内造成大片阴影，所以一般高大的宽叶植物宜放在墙角或沙发后面，让家具挡住植物的下部，使它们的上部枝叶伸出来，改变空间的效果。

植物装饰宜少而精。室内摆放的植物，宜少而精，不要摆得太多、太乱，不留余地；同时，花卉造型的选择，还要考虑到家具，如长沙发后侧，放一盆较高、较直的植物，就可以打破沙发的长条感，产生一种高低变化的节奏美。

轻松让家"改头换面"

加一面镜子：如果觉得墙面太乏味，但又不想挂置图画或照片，那么一面造型简单的镜子是最合适不过了。

开发小玩意儿的功能：旅行时买回的木碗可以当作在门口装钥匙、手机等零碎物品的容器；同时，漂亮的香水瓶和花瓶还做到了互相映衬。

不同区域的颜色呼应：卧室的床单和玄关的地毯，在颜色上做小小的呼应，却在视觉上产生了相当强烈的效果。

把一面墙刷成两种颜色：在不同的位置刷不同颜色的墙漆，这样既可以有所区分，又增添了趣味，还不会增加很多额外的费用。

桌布的图案可以再大胆一些：对于桌布来说，格子图案和花卉图案是传统经典，虽然不过时，但偶尔也可以尝试一下非常鲜艳和夺目的色彩与图案。

扔掉大茶几：别再留着那些蠢蠢的大茶几了！如果怕杂物没有地方放，也可以买两个甚至三个小一点的茶几或咖啡桌，为避免混乱，你最好在挑选时统一茶几的色调，或者统一风格。

让门框颜色突出：橙黄色的墙面搭配嫩绿色的门框和墙角线，没想到印象中大反差的颜色拼在一起，居然会产生如此让人惊叹的抢眼效果！

橱柜台面如何养护

1.台面表面尽量保持干燥，耐火板、台面避免长期浸水，防止开胶变形。人造石台面要防止水中漂白剂和水垢使台面颜色变浅，影响美观。

2.严防烈性化学品接触台面，如炉灶清洗剂、强酸清洗剂等。若不慎与以上物品接触，立即用大量肥皂水冲洗表面。

3. 超大或超重器皿不可长时间置于台面之上；也不要用冷水冲洗后马上再用开水烫。

4. 平时清洗台面，用肥皂水或含氨水成分的清洁剂清洗即可，对于水垢可以用湿抹布将水垢除去，再用干布擦净。

家庭应急防震减灾准备方案

检查和加固住房：1. 住房质量、新旧与损坏程度关系密切。承重墙体是整个房屋的骨架，要作为重点进行检查，"骨架"是否坚实，有无裂缝、倾斜，木柱有无腐蚀、虫蛀等现象。2. 根据住房损坏情况，可分别采用加拉杆，在墙外加支柱或附墙，修补更换腐蚀、破损的支柱，加垫板、斜撑等办法，增强房盖的稳定性和屋盖与墙体连接的牢固性。

合理放置家具、物品：1. 清理杂物，让门口、楼道畅通。2. 把屋顶、墙上悬挂的物品取下或固定牢，使其不倾倒；家具顶部不要堆放重物，家具物品摆放做到"重在下、轻在上"；在玻璃门、窗上粘贴防震胶带。3. 放置好家中的危险品，包括：易燃品（煤油、汽油、酒精、油漆等），易爆品（煤气罐、氧气包、氧气瓶等），有毒品（杀虫剂、农药等），这些物品极易引起地震次生灾害的发生，要妥善存放，做到防撞击、破碎、翻倒、泄漏、燃烧和爆炸。

准备好必要的防震物品：1. 把牢固的家具下腾空，以备震时藏身。2. 准备一个家庭防震包，放在便于取到处，包括：水、食品、衣物、毛毯、塑料布、药品、电筒、干电池等，把这些东西集中放在"家庭防震包"或轻巧的小提箱里。3.个人必备的物品：电筒、衣物、塑料餐具、饮用水等，集中放在自用的防震包里。

进行一次家庭防震演练：1.一分钟紧急避险。假设地震突然发生，在家里怎样避震？设定地震发生时全家人在干什么？地震强度可设为一次破坏性地震。避震方式：是室内避震，还是室外避震？根据每人平时正常生活环境，确定避震位置和方式。2.震后紧急撤离。假设地震停止后，如何从家中撤离到安全地段，撤离时要带上防震包，青年人负责照顾老年人和孩子，要注意关上水、电、气和熄灭炉火。

正确选择水晶灯

水晶实际上也是玻璃的一种，是一种提纯品，按其含铅量的高低而价格有所不同。购买水晶灯时应注意以下事项：

首先要考虑居室结构及装潢风格。楼层高低、房间间隔、天花横梁的装饰与分布、室内设计风格等，都是选择和装置灯饰时要考虑的因素。

其次要考虑照明面积。水晶灯饰对室内照明效果亦起重要作用，一般来说可根据水晶灯的直径或灯泡瓦数去衡量其照明面积。但一般水晶灯作为室内主光源，可以配合其他一些灯来发挥效果。水晶灯垂饰的品质是不可忽视的环节。水晶灯饰是否亮丽动人、完美无瑕、安全而符合经济效益，除了灯饰本身之外形设计，所选用的水晶垂饰亦非常重要。不同品牌垂饰的质量及价格可以有极大差别，稍不留神便很容易被鱼目混珠。

许多消费者对水晶灯饰的优劣认识不深，造成一些不法厂商为牟取暴利蒙骗消费者，如部分厂商在较大的水晶灯外围或注目之处，配以优质灯珠，但在灯的里面位置或不显眼处，则以次充好等。此外，有些仿冒的水晶吊灯垂饰的孔若不标准，会有利边、磨损、大小不等的情况出现，不但影响水晶灯的外观，更会崩裂，使水晶吊灯垂饰从天花板掉下，造成伤害。

四招终结凌乱卫浴

用杂物盒整理常用化妆品。把空牛奶盒剪到合适的尺寸，将各种经常使用的化妆品整齐地放在洗手盆边的杂物盒内，使用的时候便能随手拿到。

利用柜门巧收纳。在洗手盆柜门内安上一个篮子，用来存放美发用品，也可以收纳梳子或发带等琐碎物品。

毛巾架的另类用途。对于钟爱耳环的人来说毛巾架是一个收纳耳环的绝佳场所。把耳环规整地挂在首饰架上，再用两个"S"形挂钩来悬挂首饰架，每天梳洗完毕，就能很快地找到自己想戴的那副耳环。

别浪费洗手盆下的空间。洗手盆下的柜子通常没有隔板，这在无形中会浪费很多空间，可以在超市买一个合适尺寸的双层整理架来解决收纳难题。

如何给新居选灯具

要根据居室各区域的功能来选择不同类型的灯具，例如卫生间应该选择防水、防雾类灯具，老人的房间应该选择照度较高的灯具。

选择灯具时，首先要同房间的高度相适应。房间高度在 3 米以下时，不宜选用长吊杆的吊灯及重度大的水晶灯，否则会有碍安全。其次，灯具要同房间的面积相适应，灯具的面积不要大于房间面积的 2% ~ 3%，如照明不足，可增加数量，否则会影响装饰效果。如 12 平方米以下的小客厅宜采用直径为 200 毫米以下的吸顶灯或壁灯，灯具数量、大小应配合适宜，以免显得过于拥挤。在 15 平方米左右的客厅，应采用直径为 300 毫米左右的吸顶灯或多花饰吊灯，灯的直径最大不宜超过 400 毫米。

确定大小后就要考虑灯光的效果。客厅可采用鲜亮明快的灯光设计，由于客厅是公共区域，所以需要烘托出一种友好、亲切的气氛，颜色要丰富、有层次、有意境。卧室灯光应该柔和、安静、比较暗。书房光线要分布均匀，无强烈眩光。餐厅可多采用黄色、橙色的灯光，因为黄色、橙色能刺激食欲。厨房对照明的要求稍高，灯光设计应尽量明亮，但色彩不能太复杂。卫生间的灯光设计要温暖、柔和。

此外，选购灯具最好以简洁为原则，这样容易更换光源、容易维修。

六大最易犯的装饰错误

买回不合适的家具。当你把家具买回家时，才发现尺寸完全不匹配。如何才能避免购买不合适的家具呢？1.画一张平面图或者买一个模型盒，这样你可以设计家具摆放的样式和位置等。2.不要试图把太多的东西放到一个空间。3.购买家具之前最好测量一下屋子的大小，这样能降低出错概率。

一致并非总是和谐的。买家具的目的就是为你提供可以自由搭配的空间，但你不能设计得太过接近和匹配。你想想，从墙的这头看到那头，看不到不一样的东西，那是多么贫乏的视觉感受。

不舒适的餐椅。当购买餐椅时，你一定要试着感受一下，它是否适合你长期入座和使用；当然，不能忘了在购买餐椅之前测量你餐桌的高度，防止你买的餐椅过高或者过矮。

过于正式。把你的家设计成正式的风格，这虽没什么不妥，但是你得确保自己或客人们在其中感到舒适。

过时的配件。不要在墙上挂一些陈旧的橱柜或者硬件，让你的屋子看起来是如此过时，这无异于给你戴过时的首饰那么让人尴尬。

忽视门厅。门厅是一个极好的彰显主人品位和个性的场所。门厅不需要很隆重——陈设任何东西都聊胜于无。用油漆或者墙纸增添色彩的丰富性和多样性，或者挂面镜子、一幅画等。安置镜子是最好的了，因为它可以反射，就创造出一些幻想的空间；还有当你走进大厅时，可以利用这面镜子注意形象。

空调打开时为何有异味

一是房间内本身有异味，当空气不流通时较难闻到异味，但空调运行时异味集中到狭小的出风口，从而使平时没察觉到的异味加强，此时空调可通过空气循环对室内环境进行改善；

二是过滤网太脏发霉，或空调室内机其他配件发霉也可能产生异味，此时用户应及时对空调进行清洗保养。

如何清洁枕头

荞麦皮枕头：荞麦皮枕芯水洗很麻烦，为保持卫生，平时应该经常清洗枕套；在晴朗的天气里应把枕头放在阳光下暴晒1～2小时。

羽绒枕：羽绒遇水易结球，因此不能下水清洗。平时经常用手轻拍枕头，可使其保持蓬松；每2周左右可对其进行晾晒消毒，时间最好在上午 11 点前或下午 3 点以后，以避免强烈的阳光损害羽绒纤维。如果脏了，可用毛巾蘸少许中性洗涤剂，拧干后在污渍处轻按，再将枕头放在通风处阴干。

人造纤维枕：清洗时，可用洗衣机以弱转速清洗，为避免扯断纤维，漂洗和脱水时间不应超过 5 分钟。最好每个月用日晒法消毒一次，每次时间不少于 2 小时；枕头变硬即更换。

乳胶枕：清洗时，可先将枕头在加入少量洗涤剂的温水（40 摄氏度左右）中浸泡 5 分钟，再用手轻轻挤压，然后以清水反复冲洗干净；用干毛巾包住枕头，吸去其中大部分的水，放置在阴凉处风干即可。千万不要暴晒枕头，否则会使乳胶材质变质氧化，进而缩短枕头的使用寿命。

家具摆设错误　容易导致背疼

缺乏锻炼和体重超标是导致背疼的两个因素，但医学专家表示，错误的家具摆设也会增加患背疼的概率。以下是房子里最常见的引起背疼的"罪魁祸首"，以及远离疼痛的解决办法。

造成损伤的家务活。擦高高的窗户或澡盆死角对你的背来说可能是一种无形杀手。旧金山整体脊椎矫正医生安·布林克利说："突然的弯曲、伸长和扭动最不好，它甚至可能导致椎间盘突出。"解决办法：把家务活想象成一种运动，事先花几分钟热热身。为了举起重物，屈膝而不是弯腰。用整个身体推家具，不要只用背和手臂推。在用真空吸尘器打扫的时候，来回移步，而不是用上身来移动吸尘器。

松软的沙发增加椎间盘压力。柔软、蓬松的家具似乎让人得到了放松，但没有背部支撑的沙发和椅子会助长懒散，很多研究表明，这样会让椎间盘承受的压力增至三倍。解决办法：使用支撑物。在腰背部塞一个抱枕或一条卷起来的毛巾以帮助坐直，把脚搁在小脚凳上，不要懒洋洋地躺卧在沙发上时还缩成一团。

使用笔记本电脑导致拉伤。在床上用笔记本电脑浏览网页，导致背部和颈部紧绷和拉伤。解决办法：一个笔记本电脑托盘。一个便携式笔记本电脑桌将把电脑稍稍抬起，改善工作环境和舒适度。但更好的是，尽量不要在旅途中使用电脑，坚持在家使用台式机。

最容易放错东西的地方

手提袋放在餐桌上。手提袋常常会随意放在办公室、公交车等公共场所。每平方英寸的手提袋上就有多达一万个细菌，所以手提袋最好放在抽屉里或椅子上。

运动鞋、凉鞋放在卧室储藏室里。鞋底常常会携带花粉等过敏原或细菌，所以鞋子应该放在通风的地方。

将咖啡豆储存在冰箱里。储存咖啡豆等食品的最好办法是，把它们密封在不透明的容器里，常温搁置。

将电视机放在餐厅里。吃饭时可不能三心二意。边看电视边吃饭的人进食速度快，摄入热量会比不看电视吃饭的人多71%。

把药物放在浴室柜里。浴室里温度高，湿气较重，不利于药物的保存。家庭药物应存放在温度较低、干燥的食品储藏室内。

将水果放在厨房水槽里冲洗。水槽是厨房里最"藏污纳垢"的地方，细菌密度很高。如果洗草莓时有一颗掉进水槽里，请你一定扔掉。

在冰箱上贴提示条。提示的作用往往是短期的，想让小贴士发挥作用，最好的办法是放在随时能看见的位置。

春天家具如何防潮除湿

皮质家具。家里有皮质家具，最好在除尘后，在其表面抹上保养专用的貂油、绵羊油、皮革油等，这样不仅可以软化皮质，也可以防潮防霉。

受潮后，皮质家具的皮革会变硬，一些较不通风的表面还会出现霉点，甚至受潮后导致变形或有色皮面褪色。对此，可用软干布擦去表面湿气，而霉点则可用除霉剂清除后再涂上皮革保养油；对于真皮沙发，可考虑适当放一些干燥剂来保持干燥。

金属家具。金属家具要经常用湿布与柔和的清洁剂擦洗。金属家具一旦受潮，其扶手或支脚会发生锈蚀的状况。如有锈蚀，可用牙刷蘸防锈剂刷除；如是铁艺家具，发现有锈斑则应及时补漆。

藤艺家具。藤艺家具能吸纳一定量的水分，但是如果吸附了过量的水分，则会变得柔软，结构松散，平面下垂。所以，藤艺家具受潮后，容易发生变形情况。不过，藤艺家具的好处在于，经过干燥，它会恢复原来的形状和尺寸。有鉴于此，当藤艺家具受潮时，不让其编织形状及其间隙变形，才能保证干燥后收缩到原来的尺寸；另外要小心保养、定时清洗。

换季收纳宝典

淘汰不穿的衣服。衣服愈买愈多，衣橱空间愈来愈小，这样下去也不是办法。如果有一件衣服已经一年以上没穿过，那你以后会穿的概率是10%，与其放在那边"占位"，还不如拿去捐给慈善机构或是送给亲朋好友，为了让其他衣服有个舒适的空间安顿，也只好狠心地和少穿的衣服说再见了。

清洗、整理衣物。这个步骤可不能忽视。有些衣服虽然只穿过一次，表面上干干净净的，但是上面还是会沾染一些灰尘和汗液，过了一个冬天再拿出来穿时，上面多了一块块的汗渍，到时候清洗不掉后悔也来不及了。所以每一件准备要收藏起来的衣服，一定要确定是洗干净的，才能保持衣物的最佳状态。

为衣服做除湿措施。想延长衣物的使用寿命，除了清洁之外，定期除湿、维持室内适当的湿度，才能防止衣物发霉，让心爱的衣服维持最佳状况。在收纳时要选择能密封的橱柜或是塑胶收纳箱来存放换季衣物，防止衣服受潮。建议你每个月打开衣柜一次，用除湿机来除湿，或者将除湿剂放进衣柜或收纳箱中。

除了市面上的除湿剂，你也可以利用旧棉袜或棉布袋装入小木炭或活性炭，扎紧袋口后放入衣柜中，就成了现成的除湿剂。

延长床垫使用寿命四招

1. 尽量不要在床垫上站立、跳跃或长期坐在边缘位置，这样会缩短床垫使用年限。

2. 为床垫选择适当的床托或床架，以确保得到全面平整的支撑，这样做有助于防止床垫凹陷或损坏。

3. 有时间的话可以每周或每个月将床单除去数小时，并保持良好的通风透气，确保床垫经常保持干爽、卫生。

4. 切忌用水清洗床垫，如果有水洒在床垫上，应立即用吸湿性强的抹布把水吸掉，再用吹风机或电风扇吹干即可，但一定要用冷风或温风，绝不能用热风。

春季流行何种风格抱枕

时尚的简约风格：防污布系列抱枕。今年春季抱枕的时尚亮点之一是那些颜色明快大胆、式样简单大方的防污布系列抱枕。防污布的颜色非常鲜艳动人，跳跃着橘红、橙黄、嫣蓝、粉紫等最流行的时尚颜色。这一方面和它的化学成分有关系；另一方面是因为它容易清洗，所以能够大胆运用那些不耐脏的颜色。这种抱枕最明显的风格是款式简单，除了正方形就是长方形，而且都是纯一色，面料上的正方形小格子或条纹状暗格是值得一看的亮点。抱枕里的填充物一般采用"公仔棉"，因为抱起来最柔软、最轻盈，这种抱枕很受年轻人的欢迎。

浓浓的中国风情：古典感的抱枕系列。流苏坠、如意结、波浪纹、古朴颜色……就像一幅笔墨浓重的中国画。很多人都有些古典情结，因为那能令人心情平静，所以这种抱枕最适合放在古色古香的书房里。在面料选择上，丝绸最能体现幽雅的古意，如具有中国民俗风情的缎面抱枕极富女人味。但其实一些经过特殊加工的棉布也是很不错的选择。如刺绣红系列抱枕，令人想起了喜庆的洞房花烛夜。

这样打造健康家居

进门前抖衣服。外出回家时，应该在门口脱去外衣，抖一抖，衣物上的宠物毛发和鞋也应该刷一刷。

门口备上两块门垫。据统计，80% 的灰尘由鞋底带入室内，同时带入室内的还有数不清的过敏原、细菌等物质。门口垫上两块可清洗的门垫，勤洗勤换，减少污染源进室内。

开裂砧板必须丢弃。开裂砧板易残留食物残渣，成为细菌的温床，所以必须更换。

用吸尘器除尘。使用带有 hepa(高效率空气微粒滤芯) 过滤器的吸尘器，可大大增强清除室内灰尘、螨虫和宠物毛屑的效果。

添置 1 ~ 2 盆绿植。吊兰、绿萝和芦荟等有助于中和室内甲醛和苯等污染物。虎尾兰、常春藤、文竹等观赏植物也具有类似效果。

常给电话消毒。电话、手机、遥控器、键盘等隐藏的细菌数甚至会超过马桶垫，必须经常消毒。

使用空气净化器。新型的空气净化器有助于消除室内灰尘和过敏原，但要注意经常更换滤网。

及时除湿。淋浴后，及时开启换气装置，通风除湿 20 分钟，防止湿度过大、发霉。

给水龙头消毒。水龙头极易滋生各类病菌、病毒，可定期用

3% 的过氧化氢（双氧水）擦洗水龙头，也可以用植物油擦洗消毒。

办公用品不进卧室。复印机、打印机、电脑等都会产生刺激肺部的污染物，尽量不要放在卧室。

给家做个安全体检

电路系统。检查电器的电线是否出现磨损、松动，如果有，要及时请专业工作人员帮忙更换；检查地毯下或经常有人走动的地方是否有布线，如果有，尽量及早改路，以防长时间踩压造成短路，甚至引起火灾；在电器使用一段时间后，拔下插头，用手摸插座塑料部分，查看温度是否过高，如果感觉烫手，应该立即停止使用，并请电工检查；检查家中电源插座是否超载，大功率的家电，如电磁炉、微波炉等一定要单独使用一个电源插座，切忌同其他电器一起。连接在插线板上。

防火系统。建议每个家庭至少在厨房放置一个灭火器，并按照制造商的说明及建议，定期检查或更换灭火器；检查炉灶及煤气管道旁是否有木材、纸、油等易燃物品；在床头放一个手电筒，以备夜晚出现意外时使用；制订一个详细的逃生计划，以便火灾无法挽救时及时脱身，计划应包括至少两条逃生路线、夜间逃生指示灯以及最后避难的场所，如果你住在二楼，还可以准备一个救援梯。

儿童房。确保每个柜子都可以锁上；每个房间的门上都应该有窗口，以便观察孩子是否被困或发生意外；确保所有的药物（包括一些保健品）、剪刀、塑料袋等都放在孩子够不到的地方；检查家居边缘是否过于锋利或有棱角，如果有，应该用塑料泡沫将其包裹好。

浴室。地面最好安装防滑瓷砖，如果不防滑，一定要在浴室门口、浴盆周围铺上防滑垫；有老人的家庭还要在坐便器旁铺设防滑垫。

实木家具　做好养护寿命长

夏季室内非常潮湿，再加上空调的作用，对实木家具的品质确实是一个很大的考验。当空气极度潮湿时，实木家具容易吸潮变形；当空气非常干燥时，便会流失水分并且自动收缩，让表面出现少许裂缝。因此，在选购实木家具时应该仔细查看家具板材的含水率。

家具表面如有污渍，千万不可使劲猛擦，应避免用酒精、汽油或其他化学溶剂去除污渍，可用温茶水将污渍轻轻去除，等水分挥发后在原部位涂上少许光蜡，然后轻轻地擦拭几次以形成保护膜。平时不能仅用湿漉漉的抹布简单地擦拭实木家具，而应该选用专业的家具护理精油，其蕴含容易被木质纤维吸收的天然香橙油，可以锁住木质中的水分，防止家具干裂变形，同时起到滋养木质的作用，延长家具的使用寿命。要尽量避免硬物划伤家具，不要让坚硬的金属制品或其他利器碰撞家具，以保护其表面不出现硬伤痕迹及挂丝等现象。

实木家具不宜放在十分潮湿的地方，以免木材遇湿膨胀，同时要远离热源，避免长时间较高温度的烘烤，防止木材发生局部干裂、变形以及漆膜变质等现象。应尽量避免室外阳光对家具整体或局部的长时间暴晒，其摆放位置最好能够避开阳光直射，或用透明的薄纱窗帘隔开日光。

健康卧室九个标准

墙面刷蓝色。英国一项涉及 2000 个家庭的调查显示，颜色对睡眠时长影响明显。在紫色、灰色、红色、金色、棕色的卧室中，主人每晚的平均睡眠时间在 7 小时以下；而在银色、绿色、黄色的卧室中，能睡 7 个半小时以上；蓝色以 7 小时 52 分的睡眠时长高居榜首，被称为最有利睡眠的颜色。

物件成双摆。卧室床头柜、台灯、挂画等物件最好成双出现，这样能为卧室增添和谐感，通过心理暗示帮助主人提高睡眠质量。凌乱容易让人心烦，建议家里备个自己喜欢的篮子或盒子，将零碎的小物件收纳其中，并盖好盖子。床的摆放位置也很重要，最好一面靠墙。

床别太硬。床垫要选择软硬适中的，硬板床、过软的床都不好。枕头的高度应控制在枕下去后和床面有一拳头高。被子太沉会影响呼吸，特别是冬天，最好选用轻薄、保暖的羽绒被。

配个床前灯。睡前使用瓦数较低的床前灯，营造一个较暗的环境，帮助人进入睡眠模式。卧室应采用发黄光的暖色光源，尽量少在墙上装镜子、玻璃等饰品。

少摆大电器。卧室里最好少放或不放电器，尤其是电视、电脑等释放电磁波的电器，会影响睡眠和夫妻生活。电器还是灰尘大户，要常清扫。

挂双层窗帘。双层窗帘能营造出一个安静、黑暗的睡眠环境。尤其是朝南的卧室，因光线充足，可选用日夜帘，这种窗帘由两幅不同材质的窗帘组成，一块透光性能好，一块遮光性能好，可根据需要换着用。

净化空气。根据室外天气情况勤通风是减少室内空气污染最有效的方法。另外，选择空气净化器对卧室健康也很重要。

别摆大盆绿植。由于光合作用，绿色植物在白天吸收二氧化碳，可一到晚上，便会和人抢氧气，并释放二氧化碳等污染物。卧室最好别放大盆植物，如果放的话，也要在晚上搬出，以免供氧不足，最好选择绿萝、吊兰等体型较小的植物，并且不要超过三盆。

定期清扫。每天起床后都要抖抖被子，整理床铺，擦床头柜；每周要清扫灯上的灰尘，更换床单，擦拭家具和地板；每季度要保证擦一次窗户，翻转床垫。

如何挑儿童餐椅

市面上儿童餐椅的款式非常多，家长们到底该如何选择呢？

儿童餐椅有皮革、塑料、木质、金属这几种材质，金属架构和皮革的容易清洁，如果选木制的，最好选择那些天然的实木，比如柚木、花梨木。

现在市场上很容易买到宝宝专用的儿童餐椅，自带餐盘，有保险带，比较方便宝宝使用和妈妈喂食。椅背到桌面的空间最好可以调节，能适应宝宝的成长需求。有的宝宝餐椅是一体的，有的可以拆分为小桌子和小椅子。不管是一体的还是分体的，选择宝宝餐椅时，要注意挑选稳当、底座宽大的，椅子要不容易翻倒，座位的深浅适合宝宝使用，宝宝坐在上面能有挪动空间。如果托盘等配件是塑料制品，应选择无毒塑料，而且热水刷洗后不会变形。

新生儿卧室咋布置

一个好的起居环境有助于宝宝的健康成长，那么在布置宝宝房间的时候，要注意些什么呢？

新生儿的卧室内尽量少放家具，这样方便对新生儿的观察和护理，同时，也方便室内的打扫。新生儿的床应尽量靠近母亲的床,床的高度最好是新生儿躺在床上时能很方便地看到母亲的脸,而母亲也能很容易看到新生儿的活动情况。

在房间四周的墙壁上,张贴一些色彩鲜艳的图画,最好是一些活泼可爱的儿童人物画、小动物画,可给新生儿一个良好的视觉刺激。房间内可放录音机,经常播放一些柔和、悦耳的音乐,以促进新生儿的听觉发育。在新生儿床的上方,15~20厘米的高度处,悬挂一些色彩鲜艳并可发出声响的玩具。轻轻摇动玩具,他会不自主地随玩具的摇动而转动眼睛去看,这样既训练了视觉又训练了听觉。

婴儿的卧室最好选在绿化环境较好、远离马路和工厂的地方。因为不良空气中的粉尘,不仅会削弱孩子呼吸道的抵抗力,而且还会影响他们的生长和发育。

足月孩子居室的室温应为 22℃~24℃,相对湿度为 60%~65%。早产儿居室的室温为 24℃~27℃,相对湿度为 65% 以上。无论是足月儿还是早产儿,室内的温度和湿度都要保持相对的恒定,否则会引起疾病的发生。

宝宝的房间最好选择朝南或阳光充足的房间。在无风的时候打开窗户,让温暖的阳光直射进来。阳光中的紫外线不仅有消毒作用,还可以促进婴儿体内维生素 D 的合成,能预防维生素 D 缺乏性佝偻病。

室内空气检测有三大陷阱

一、现场出检测结果。目前国内的室内空气检测公司很多，但有一些是没有经过质量监督局认证的，消费者在选择检测单位时一定要注意，千万别上当。没有认证资质的检测机构到室内检测后，现场出检测结果，事实证明，大部分这样检测的结果都是无效的。而正确的空气检测是在实验室里完成的，甲醛和氨是通过分光光度计检测，TVOC和苯系物是通过气相色谱仪检测。

二、以免费检测做诱饵。一些治理公司利用一些消费者想进行室内环境检测又怕多花钱的心理，以免费进行室内环境检测作为诱饵，然后高价进行室内环境污染治理，这些公司赚的就是后期不菲的治理费。

三、虚报室内污染程度。也有一些检测机构，会夸大检测结果，虚报室内环境污染程度，以便做成室内污染治理业务。他们采取不规范或者不标准的快速检测的办法，以假报告恐吓消费者。其实，正规的室内检测结果是不可能马上得到的。消费者在选择检测公司的时候一定要注意，要选择具备（GB/T18883）《室内空气质量标准》全部19个参数的检测能力，经计量认证考核合格并获得检测资质的机构，这些公司每年都要进行设备校验。

布置一个"健康卧室"

床垫＋枕头。选择床垫时，除软硬适中外，应承托得宜，紧贴体型；除支撑头部外，枕头亦应令肩颈得到舒适承托。

被子＋床单＋被套。选择被子时，应注意本身体温及房间室温，被内温度以 28℃~30℃为最理想；选择床单被套时应注意选天然棉质的床单、被套，这类床品可以吸汗、吸湿及排湿，而鼻敏感者则宜选用可防敏感的纤维物料，而且清洗方便。

衣柜。灵活配合柜内组件和功能分区，保证衣柜的储物空间，确保衣物整齐有序、取用方便，让劳作和心情更感轻松自在。

窗帘＋灯饰。用两层不同质料的窗帘布，可控制窗外光线的亮度；每个寝室应同时有三种照明，包括功能性的主光、营造气氛的点缀光及照遍全房的室光，不论在睡房中工作或休息，都有最舒适的光线配合。

色彩＋装饰。利用暖色(如红色、橙色等)布置，能营造和谐温暖感觉。利用冷色(如蓝色、绿色、白色等)布置，令情绪舒缓平和；手工制作或手绘图案的装饰品最适合用于卧室。

两种方法选出合适床垫

目测法。优质床垫都有以下六个方面的标志：注册商标；有出口标志"R"字母；产地名、厂名、厂址；合格证、出厂日期、规格、型号、品名；两面或正面缝线凹陷深度明显；厚度均匀、平整、竖放不易翻倒、笔挺方正。

亲身体验法。没有比亲自躺在床上试验更好的方法了。你应该用你习惯的、喜欢的睡眠姿势来试睡床垫。左右翻动几下，好的床垫内衬材料不会出现移动或高低不平的情况。

平躺在床垫上，感受身体各个部位，尤其是背部和腰部的承托力和支撑感。以手伸入腰部，感觉伸入困难，可能是床垫过软；反之，腰和床垫间空隙很大，则可能床垫过硬。然后侧卧，同样来试背部和腰部的感受；最后将身体置于平时习惯的睡眠姿态，经过多次的翻身转动来充分感受床垫的舒适度。

如果是选购双人床，最好两个人一起试。另外，建议选择床垫时最好认准两个"知名"：一是知名品牌；二是知名商场。因为知名商场对其入驻的产品要求高，质量把关严，对售出的商品负责。

实木家具的辨别

据悉，目前市场上实木家具主要分纯实木家具和贴面家具两种。纯实木家具所有用材都是实木，例如柏木、樱桃木、红榉木等，价格比较高；而贴面家具则主要由人造板制成，只在外表粘上实木贴皮，看上去和纯实木家具没什么两样。

那么，实木家具该如何辨别呢？业内专家指出，在购买时，有3个小窍门可以借鉴：

首先，观察木纹，如果一个柜门表面的木纹和门背的木纹不能对应，那就是贴面家具；其次，要对新买的家具进行色味辨别，实木家具的味道一般不会太浓；再者，可通过敲击木板来分辨，声音厚实的为实木。

不过，在实木家具"身价"攀升的同时，专家也提醒消费者，当心一些不法商家利用人们贪小便宜的心理，用实木贴面家具冒充纯实木家具，尤其是一些半真半假的实木家具，最容易让消费者吃亏上当。

选灯要因地制宜

白炽灯。白炽灯最大的缺点就是寿命短，使用时间一般在

3000~4000 小时之间，有些质量差的白炽灯只能使用 1500 小时。家居中白炽灯常常在餐厅、卧室等空间使用，看上去颜色比较舒服。

节能灯。节能灯因节能而受欢迎，一个 9 瓦的节能灯相当于 40 瓦的白炽灯。节能灯的寿命也比较长，一般是 8000~10000 小时。正常使用节能灯一段时间后，灯就会变暗，主要因为荧光粉的损耗，技术上称为光衰。有些品质较高的节能灯发明了恒亮技术，可以让灯管长久保持最佳工作状态，使用 2000 小时后，光衰不到 10%。

金属卤素灯。金属卤素灯其实是白炽灯的一种，寿命一般在 3000~4000 小时之间，不会超过 6000 小时。这种灯可用于重点照明，比如为了凸显墙上的装饰画、室内的摆件等，可以用冷光灯杯进行照射，灯的白光可以根据不同的家装风格进行变化，与时尚保持一致。

LED 灯。这种灯学名叫发光二极管，属于新技术。目前的 LED 灯在技术上仍需要完善。一是光效比较低，二是颜色会有缺失，在赤、橙、黄、绿、青、蓝、紫 7 种波段中 LED 灯的蓝、绿波段比较少，因此在显示事物颜色时就会有缺失，专家预测，LED 灯如果能够很好地解决这两个问题，将来有可能取代其他的灯，因为从理论上来说，LED 灯的寿命是无限的。

选好花瓶让家更亮丽

花瓶本身也是饰品。即使不插花，花瓶本身也能用来装点居室。不过一定要根据房间和家具的形状、大小来选择。如厅室较狭窄，就不宜选体积过大的品种，以免产生拥挤压抑的感觉，在布置时宜采用"点状装饰法"，即在适当的地方摆置精致小巧的花瓶，起到点缀、强化的装饰效果。而面积较宽阔的居室则可选择体积较大的品种，如半人高的落地瓷花瓶精心地配置几个彩绘玻璃花瓶，都能为冬日的居室平添一份清雅祥和的气氛。用花瓶布置时还应考虑色彩既要协调又要有对比。应根据房间内墙壁、天花板吊顶、地板以及家具和其他摆设的色彩来选定。如房间色调偏冷，则可考虑暖色调的花瓶。

花瓶与花不同色。花的颜色，绝对不可以与花瓶的颜色相同，比如花是大红、大紫的，或是大黄、深黄的，花瓶就应该是全白或是浅蓝色的。这样深淡相映，才能衬托出花的鲜艳。

如何选择花瓶。花瓶的种类以陶瓷花瓶和玻璃花瓶为主，两种花瓶对于鲜花的搭配也是各有不同的。例如，陶瓷花瓶给人大气古典的感觉。瓶颈比较宽的陶瓷花瓶在鲜花的选择上就要选择花朵比较大的鲜花，或枝条较长的鲜花或者枝柳；瓶颈比瓶身略小的陶瓷花瓶，就要选择枝干较长的鲜花做搭配，这样才能突出鲜花的娇艳。玻璃花瓶的特色是简约典雅，无论是搭配真花还是假花，都能给你的家居增添一份简约典雅的气息。玻璃花瓶在鲜花的选择上也需配合她的特点，鲜花的选择也要注意简单，不宜选择过于花哨的鲜花。

扮靓家居迎春节

1.选购彩色小摆设。很多家庭的就餐区和客厅布置缺乏亲和力，缺少过年迎接宾客的喜庆气氛。此时，采购些彩色小摆设是最简单有效的装饰手段，可选择色彩斑斓的桌布、地毯、陶艺、装饰画、装饰灯等，将它们摆在合适的位置，就会使家"增色"不少。

2.布置鲜花植物。 为了让家在节日里更显生机勃勃，鲜花植物必不可少。这个季节上市的蝴蝶兰、仙客来等花卉品种，都是居室布置的好选择。

仙客来是有名的迎宾盆花，被赋予吉祥、祝福等含义，而且充满节日喜庆，盆花整体体积不大，摆放在窗台等处最合适；蝴蝶兰是近年来最受青睐的洋兰品种之一，雅致、秀丽，充满异域风情，最适合摆放于案头。

3.挂上大红中国结。中国结最具中国传统特色，材质以金线、绒布等为主，大小不一、形状多样，有寓意来年红红火火的"辣椒"、寓意财源滚滚的"彩球"、寓意吉祥如意的"如意盘"、寓意年年有余的"鱼"。选一种红火的中国结，挂在客厅最合适不过。

4.选年画。年画是一种古老独特的民间艺术，色彩鲜明，画面气氛热烈，内容有门神、灶神、财神、五谷丰登、年年有余等，可以突出传统习俗。

5.贴剪纸、挂春联。剪纸花形多样，有鲤鱼跃龙门、福娃拜年等，可以贴在门上、家具上、镜子上，烘托出喜庆的氛围。春联除了传统的纸制印刷联，还出现了镶嵌有金、银粉的春联，它们看起来金光闪闪，挂在家中特别喜庆。

最理想的寝具——羽绒被

法国科研机构近日公布的研究结果认为，目前世界上还没有任何保暖材料超过鹅绒的保暖性能。德国等经济发达国家的科研机构亦把羽绒被誉为最理想的寝具。

在对羽绒被的测定中显示，人在睡眠时身体不断向外发散汗气，一个成年人一夜散发出的汗水约100克。羽绒能不断吸收并排放人释放出的汗水，使身体没有潮湿和闷热感。所以盖羽绒被睡眠觉得温暖、舒适、干爽，又无压迫感觉，使血流通畅，血压正常，中枢神经得以安定，能很快进入甜美的梦乡。

李时珍在《本草纲目》中亦写道："选鹅腹绒毛为衣、被絮，柔软而性寒，尤宜解婴儿之惊痫。"

此外，从保暖程度上看，因为羽绒是星朵状结构，每根绒丝在放大镜下均可以看出是呈鱼鳞状，有数不清的微小孔隙，含蓄着大量的静止空气，由于空气的热导率最低，形成了羽绒良好的保暖性，加之羽绒又充满弹性，以含绒率为50%的羽绒测试，它的轻盈蓬松度相当于棉花的2.5倍、羊毛的2.2倍。所以羽绒被不但轻柔保暖，而且触肤感也很好。

各种被子巧选购

蚕丝被。最好的蚕丝被应该是用100%的桑蚕丝做填充物，称得上最绿色环保的被子。它可以让皮肤自由地排汗、分泌，保持皮肤清洁，令人倍感舒适。蚕丝被一般以重量区分保暖系数。单人被4斤左右，双人被5斤左右就可以达到冬天所需的保暖效果。

羊毛被。羊毛被使用的多是绵羊的细绒毛，弹性好，不易板结，因而价格较贵。好品牌的羊毛被会采用没有杀虫剂的优质羊毛为原料，经过筛选、除尘、洗涤和消毒等处理。羊毛被不能水洗，只适合干洗。在太阳下晾晒30分钟到1小时，就能达到杀菌、去湿气的效果。

纤维被。经过数代的改良，现在有中空纤维、多孔纤维等多种品种。以四孔、七孔、九孔被居多，纤维孔数越多其保暖性、弹性、透气性也就越好。若冬季室内温度较高，选择四孔被就可以了。纤维被价格便宜，富有弹性，且可水洗。价格不同，纤维棉被的质量也相差较大。劣质纤维填充的被子不仅容易板结，还会出现纤维溢出现象。

羽绒被。羽绒被的主要填充物是鹅绒和鸭绒。鹅绒被要比鸭绒的好一些。但不管哪种羽绒被，其主要质量指标为含绒量。一般来讲，含绒50%以上的为优质羽绒被。应注意羽绒被子是否有异味、是否有明显钻绒现象。优质羽绒被是用高密度的经纬纱编织而成，摸起来不应有"嚓嚓"声。

换季衣物巧收纳

洗净再收。即便是只穿过一两次的衣物，也会成为细菌的繁殖场所，脏东西也会渗入衣物纤维深处，所以一定要洗净、晒透再收起来。棉麻衣物洗净后一定要熨干，不要上浆，因为潮湿和淀粉都会使其发霉。干洗的衣物上可能会残留干洗溶剂，所以应自然风干一天，待溶剂挥发后再收。被褥等应在阳光下晒4～6小时后再收纳。

叠放有序。合成纤维的衣服不怕压、不变形，可以放在衣柜最底层；棉、麻、毛质地的放在中间；最娇气的真丝衣物搁在最上层，注意不要把棉质和真丝衣物放在一起，以免造成真丝衣物变色。T恤衫可以卷起来放，既不会变形又节省空间。如果有条件可在每件衣物之间放上硬纸板，这可以使你在不弄乱其他衣物的条件下轻松抽出自己想要的那一件。

巧用工具。真空收纳袋最适于收纳体积大的衣物、被褥等，抽空袋内空气后它能将衣物压缩至原有体积的 1/3，既大大节省了空间，又可防止衣被与外界接触而发生虫蛀或霉变，非常适合比较潮湿的地区。塑料整理箱具有密封性，移动方便，可以垒起来放在墙角或衣柜顶层等，使用它收纳衣物时可以在箱体上贴上标签，写清里面储存的衣物，以便下一年取用。收藏皮衣或高级西服时最好用防尘套套好再挂起来。

防虫剂。现在人们通常使用樟脑丸作为防虫剂，把它们用纸巾包起来，在纸上扎几个小眼，放在衣柜四角或吊起来，使樟脑气味更好地挥发。需要注意的是，合成纤维的衣物不怕虫蛀，所以不用放樟脑丸；丝、毛类衣物易被虫蛀，存放时可加放樟脑丸，但因为樟脑丸会使衣服泛黄，所以收藏浅色丝绸服装时应尽量少放。这可以避免樟脑味随身走。报纸的油墨味可以驱走蛀虫，在衣柜底部放一层报纸也是不错的办法。

鞋子。擦净后再放入鞋盒，放些报纸可以防潮。把泡过的茶叶渣或咖啡渣晒干，装进小布袋中塞进鞋膛，就成了鞋子的天然除臭剂。

床上用品　看材质洗涤

棉织物：清洗时，应把洗涤剂（勿使用含漂白剂成分的洗涤剂）放入水中，待完全溶解后，再放入棉织物。一般浸泡时间不超过半小时，水温不超过40℃。浅色和深色面料分开浸泡和洗涤，避免染色。

真丝面料、丝绵面料：常温水洗涤，建议用丝毛洗涤剂；不能使用含生物酶的洗涤剂；洗时加少许醋可增加面料光泽；可干洗、手洗，水洗时不能甩干、不能用力拧干、不能在日光下暴晒，低温熨烫。

羊毛、羊绒纤维的面料：常温水洗涤，建议用丝毛洗涤剂；不能使用含生物酶的洗涤剂；避免长时间浸泡；可干洗、水洗，中温熨烫。

化纤面料：常温洗涤，不能用高温水浸泡，可机洗、水洗，绒类面料不能熨烫绒的表面。

蚕丝面料、竹纤维面料：常温洗涤，不能用高温水浸泡，可干洗、水洗，机洗时不能甩干，洗后在通风避光处晾干即可，不能在日光下暴晒，低温熨烫。

亚麻面料：洗涤时，不能用力搓、揉，以免起毛，影响外观和寿命。

空调房最好盖蚕丝被

蚕丝被最好搭配草编的凉席。空调房间中，选择良好的空调被是保证睡眠质量的一个重要因素。作为一种中国土生土长的蛋白被，丝棉被具有四个特点：轻、柔、软、弹，桑蚕丝是世界上公认的最柔软、健康的天然纤维，具有贴体、舒适的寝被特质，最符合人体的睡眠条件。

蚕丝被吸汗但是却不贴身，而且质地柔软，对皮肤的伤害非常微小，所以非常适合作为儿童床上的用品，可以帮助宝宝夏季清凉不长痱子。蚕丝被最好搭配草编的凉席，这样可以让自然清新的感觉更好地发挥，躺在床上，身体的感觉也很柔软、很舒服，进而舒适地进入睡眠状态。当然，蚕丝被也有缺点，对蛋白过敏的人应该避免使用。

怎样挑选蚕丝夏凉被

首先，看颜色。好的蚕丝被应该用的是天然蚕丝，而天然蚕丝的颜色为乳白色，颜色不是太耀眼，看起来较为柔和，而且很有质感。而伪劣蚕丝被颜色故意弄得很鲜艳、很亮、很白，给人像"雪"的感觉。

其次，看手感。优质的蚕丝被细腻、柔滑，有舒适的蓬松感。而伪劣的蚕丝被摸上去也可能是会有细腻、柔滑的感觉，但是它没有蓬松的感觉，摸上去也会显得较为厚实。

第三，看蚕丝被的做工。品质好的蚕丝被做工都很精致细密，被子的边缘平整且有紧密的针脚。而伪劣的蚕丝被的做工就显得粗糙。

第四，看标志。在购买蚕丝被时一定要留意包装上的标识，如包装是否标有厂名、厂址等内容。

夏用竹炭枕清爽吸汗

竹炭枕最大的优势就是干爽、透气、吸附能力强，特别是在夏季，可迅速将头部的汗水和热量传导出去，汗水少了，自然不会感觉到热，睡觉也会更安稳。此外，竹炭还有除菌、防臭等功能，夏季用竹炭枕非常健康。竹炭枕也不是适合所有人使用，比如有鼻炎等过敏体质的人就不适宜用。中科院武汉植物园科普专家蒋厚泉建议，如果想达到清热解暑、祛火的功效，可自己动手做个"加料"竹炭枕，即把1公斤左右竹炭放在枕内，同时加入具有清热解暑的板蓝根、金银花、藿香、白菊花等中药材，最后用无纺布包裹即可。长期枕"加料"竹炭枕，在中药作用下，可达到强身健体、祛病防病的功效。

有人在制作过程中，担心长期使用竹炭枕，竹炭表面的黑色会使别的物品沾染上颜色。其实，竹炭表面多经过特殊氧化处理，不会掉色。另外，竹炭枕无须水洗，使用一段时间后放在太阳下晒晒，即可恢复其吸附功能。

挑选凉席有讲究

草席：用柔韧的草茎编织的席子，没有竹席凉，比较适合老人和孩子用。但草席易长螨虫，草席在使用和存放前，最好在阳光下暴晒，反复拍打几次，再用温水拭去灰尘，然后在阴凉处晾干。第二年重新使用旧草席时，要用消毒水擦拭一遍，或用肥皂水洗去霉点。亚草席透气性好，吸汗性强，其席面温度可与人体体温保持一致，因此非常适合在空调房间使用。选购草席时，将竹席摊平，看其色泽是否均匀一致，如有黑色、霉变或枯萎黄草，说明质量较差。优质的草席应无断草、杂质、断筋、断边、毛梢缺点，编织紧凑。

竹席：根据材料的不同，竹席有 3 个等级。上品是水竹凉席，中品是丝竹凉席，下品是楠竹凉席。水竹凉席比较柔软，卷曲后不会折断，颜色淡青偏白（使用久了会变成暗红色）；丝竹凉席柔软性稍差，颜色青中带墨绿；楠竹凉席较硬，竹节眼较为突出，颜色青中带黄。

亚麻席：判断亚麻凉席好坏最重要的是其"透气性"，在挑选时可通过看外观、摸手感、凭触感、闻气味、辨标签 5 种方法辨别真伪优劣。正品的亚麻凉席略发乳白色，织物纹路清晰、自然密实，触摸起来厚实而挺括，贴在皮肤上刺激感小，次品接触后会有些许毛扎感。

藤席：藤类凉席主要以木藤和紫藤为主。选购藤席时，以藤

264

面粗细均匀、收口平整、油润光亮者为最佳。藤编席吸汗滑爽、冬暖夏凉，因其性格温和，所以更适合在空调房间使用。

水牛皮席："牛皮凉席＋空调"是当下卧室最完美的组合。牛皮凉席具有透气、散热、吸汗、防潮4大功能，但由于是皮料制作，和人的肌肤接近的时候也会体现其柔和的特性，在空调的房间内并不是很凉。

称重量挑选亚麻凉席

亚麻凉席因凉爽、透气、抑菌还能抗静电，适合各个年龄阶段的人，最大的好处是这种凉席可以水洗、机洗。

要挑到质优价廉的凉席，窍门就是要把凉席称一下，在买亚麻凉席时一定要掂一掂它的分量，如今市场上卖的1.5米宽凉席重量1.2公斤以上，1.8米宽凉席重量在1.3公斤以上，这是因为在常用的纤维织物中，亚麻最重，棉、化纤、苦麻等原料比重偏轻。如果亚麻凉席没有达到这个重量，那一定是劣质或假冒的凉席。

床上用品的保养

1.床上用品清洗频率可根据个人的卫生习惯而定。初次使用前，可先下水漂洗一次，可将表面的浆质及印染浮色洗掉，使用起来会比较柔软，将来清洗时也不大容易褪色。

2. 除了较特殊的材质以及注明不能水洗者（如真丝），一般而言，洗涤程序为：先将中性洗涤剂倒入洗衣机的水中，水温不要超过30℃，待洗涤剂完全溶解后再放入床上用品，浸泡的时间不要太久。因为使用碱性洗涤剂或水温太高或洗涤剂没有平均溶解或浸泡太久都可能造成不必要的褪色情形。同时，清洗时浅色产品要与深色产品分开洗涤，避免互相染色。

3. 收藏时请先清洗干净，彻底晾干，折叠整齐，并放入一定量的樟脑丸（不能与产品直接接触），宜放在暗处且湿度低、通风良好的地方。长期不使用的被类产品在重新使用前可先在阳光下晾晒，使其恢复蓬松。

4. 特别注意事项：

A. 亚麻产品洗涤时不能用力搓、拧（因为纤维较脆，易起毛，影响外观和寿命）。

B. 棉、麻产品收藏时要注意保持环境清洁干净，防止霉变。浅色和深色的产品要注意分开存放，防止泛黄。

C. 白色真丝产品不能放樟脑丸或放在樟木箱内，否则会泛黄。

过季衣物收藏宝典

晾晒棉被。将被子、毛毯、棉絮等收藏起来之前，一定要在太阳下进行充分晾晒。紫外线可在一定程度上起到抗菌、杀毒的作用。但要注意，羊毛被和羽绒被不宜长时间在太阳下暴晒。

大衣。晾晒前要尽量使其平整，尤其是大衣的襟、领、袖等处一定要拉平，这样处理后再晾晒，衣服才不会起褶皱。

提示：长时间存放在衣柜中的衣物可能会留有甲醛，而晾晒并不能去除。人造板内的甲醛释放期为 3 ～ 15 年，短时间我们无法根除它，可以尝试一些去除甲醛的专业喷雾，最好的办法还是对衣物自身做好彻底的保洁工作，如果家中有儿童、孕妇、老人或体弱多病者，更应引起注意。放置在衣柜，尤其是人造板衣柜里的衣物，应加以密封包装后存放。

收纳质地轻薄易皱的衣物

1.尽量吊挂在衣橱里，尤其是像纯丝、雪纺等容易褶皱的面料，更应该用衣架晾挂；

2.注意夹子与衣物之间要垫一层纸，以免产生难以消除的夹痕；

3.有些衣物不适合晾挂，例如斜裁布上衣、很重的坠珠服饰等，这些衣物最好以折叠方式收藏，折痕越少越好。

较重的大衣或连衣裙

1.晾挂较重的大衣或连衣裙时要特别注意，最好用衣服自带的吊挂带进行晾挂，如果没有吊挂带，可以在衣服内侧的左右腰际处各缝上一条细带子，长度不要超过上衣，用这两条带子辅助吊挂，可以帮忙支撑重量、防止变形。

2. 为防止折叠的衣物产生褶皱，可以在折叠时放进薄薄一层棉纸，有助于减少褶皱。

选牙刷有三个标准

北京市牙病防治指导组办公室主任、北京口腔医院预防科韩永成主任表示：刷头较小、刷毛软硬适中、经过磨毛处理的牙刷保健效果最好。

刷头大小因人而异。"买牙刷时，首先要看刷头大小。"韩主任说，刷头一般要稍小一点，以保证它在口腔中能灵活转动。儿童口腔小，刷头就需更小。美国牙科学会建议，成人牙刷应是：刷头长 2.54 ~ 3.18 厘米，宽 0.79 ~ 0.95 厘米；刷毛 2 ~ 4 排，每排 5 ~ 12 束。但是，成人也可选择刷头 2.3 厘米长、0.8 厘米宽的儿童牙刷。

其次，要看刷毛软硬。刷毛要选择软硬适中，或稍软的。但要注意，太软的毛易刷不干净。目前的刷毛多用尼龙丝制成。具体来说，可分为两种——普通丝和杜邦丝。杜邦丝弹性较好，不容易倒。

第三，磨毛处理也很重要。刷毛在切割后，如果没有经过圆滑处理，容易因太过尖锐而造成伤害。把刷毛尖磨圆的磨毛牙刷，可防止这种伤害，对牙龈保护作用更强。

同时，韩主任提醒大家，牙刷最好每 3 个月更换一次。使用时间过长，刷毛积存细菌，不利口腔健康。使用杜邦丝刷毛的人不要因刷毛没倒而不更换牙刷。

此外，刷头是方形或钻石形、刷毛上缘齐平还是呈波浪形、刷柄是弯是直，对刷牙效果并没什么影响。刷牙用最普通的直柄牙刷就很好了。

电动牙刷适合特殊人群。韩主任介绍，电动牙刷分为两种，即普通电动牙刷及声波颤动牙刷。老人、儿童或肢体活动不便的人，推荐使用普通电动牙刷。但对这类牙刷的功效也不应过于迷信，只要刷牙方法正确，手动牙刷与普通电动牙刷同样好用。

选购无烟锅的诀窍

目前市场上的无烟锅品牌众多，价格多在 300 元以上。在宣传时，厂家都在强调自己造锅的材质：陶晶、六层优质合金、钛金、核磁等。促销员往往也会向消费者保证：锅的材质决定锅的"无油烟"特性。在厂家神乎其神的宣传面前，很多普通消费者往往会手足无措。有关专家归纳出了选购无烟锅的诀窍：

1. 无烟神奇功效，关键看选择材料。其实无油烟锅的无烟原理并不复杂，就是利用超导材料的导热特性将油温控制在油的气化沸腾点 240℃ 以下，再利用其贮热特性达到烹炒食物所需的 180℃ 以上，这样既节能又不破坏食物营养，也杜绝了油烟的产生。

2. 健康不健康，首选无涂层。无油烟锅之所以称为健康锅，有 3 层含意：其一杜绝油烟危害，其二不破坏食物营养，其三就是无化学涂层，防止致癌物质渗入人体。大多品牌无烟锅前两个健康含意容易实现。但无涂层这一含意却在瞒天过海，把有涂层的锅美化成锰钛合金、黑金砂等说法，所以选购健康无烟锅关键是无涂层。辨别方法很简单，无涂层锅不是利用化学涂层达到不粘效果，必须是依靠锅内表面的精雕微螺纹实现物理不粘。因此市场上一些没有微螺纹的无烟锅要么会粘锅，要么必然是化学涂层，这些锅的成本较低，一般不会超过 200 元。

3. 神奇微螺纹，决定锅的质量。无烟锅内外螺纹的工艺非常讲究，螺纹分 3 种：锅内一般为微螺纹和细螺纹，锅外为粗螺纹和细螺纹过渡。其中：陶瓷微螺纹品质最高，微螺纹比细螺纹更为细腻，物理不粘效果较好。

4. 寿命长不长，看敢摔不敢摔。一般无烟锅的寿命都比普通锅要长，因为无油烟材料的硬度比传统锅要高得多，市场上的无烟锅硬度大致分为两种：1300MP 和 2000MP。1300MP 的材质发暗偏黑，成本相对较低，价格也低一些，耐摔性相对也弱，寿命一般在 5 ~ 10 年；2000MP 的材质发银偏青亮，这种锅体可以从 18 米高处跌落而不破损，寿命可达 15 ~ 20 年。

选套健康床上用品

国家棉纺织品质量监督检验中心主任王宝军表示，纺织品的安全指标包括色牢度、pH值和甲醛含量等。目前不合格的产品常伴有严重掉色、缩水、混纺织物冒充纯棉织物等问题，少数产品甚至还有pH值或甲醛超标等现象。

王主任还指出，产品的安全类别也与健康息息相关，通常分为三个等级：A类表示适合婴幼儿使用、B类表示可直接接触皮肤、C类表示不能直接接触皮肤。

此外，王主任还介绍了几种简单有效的识别方法。一是看外观。质量好的床上用品，纹路清晰，印花饱满，布面细腻，不会有纹路模糊、印制粗糙的感觉。消费者宜选颜色较浅或色调自然的产品，因其不易掉色。而有些色彩浓烈的产品，可能会因染色过重而易掉色。此外，还有一个简单测试：把一块白布放到产品上来回磨蹭，如发现白布有染色迹象，就表明会掉色。

二是闻气味。质量好的产品气味一般清新自然，无异味。如果打开包装就闻到刺鼻的异味如酸臭味等，很可能是因为产品中的甲醛或酸碱度超标，最好不要购买。目前，纺织品pH值的强制性标准为$4.0 \sim 7.5$。

三是摸质地。好产品手感舒服细腻、有紧密度，摸上去没有粗糙、松垮之感。检测纯棉产品，可从中抽几根细丝点燃，燃烧时散发烧纸味属于正常。还可用手搓捻灰烬，没有疙瘩说明是纯棉产品，如有疙瘩，则说明含有化纤。

怎样才能将餐具洗干净

餐具在消毒前，必须彻底清洗干净。餐具洗涤的方法及要求如下：

清除餐具上残剩的食物倒入垃圾或废弃物桶中，然后用水冲一下，使餐具上的食物残渣得到较好的清除。

刷洗餐具上的油迹或污物。其步骤及要求：（1）使用45℃左右的热水；（2）加入餐具洗涤剂；（3）将餐具置入水中浸泡1～2分钟；（4）认真刷洗餐具的表面；（5）检查餐具的洁净情况。不洁净的进一步刷洗。

餐具洗涤剂必须是经卫生行政部门批准的合格产品，不可使用洗衣粉洗涤餐具。

清除餐具上残留的洗涤剂。洗涤后的餐具应置入清水，最好使用流水清除餐具上残留的洗涤剂。

教你快速整理混乱的家

科学家最新研究表明，杂乱无章的家居环境很容易导致大脑混乱和心情烦躁。不过没关系，美国《预防》杂志的"四步曲"可以在20分钟内让你的心情随家居一起改头换面，焕然一新，并带着轻快的心情去上班。

第一步：盘点清仓物品。将房间内的抽屉、橱柜、箱包统统打开，查看一下里面的物品是否真正需要，对那些早该淘汰的旧衣物、杂物来一次大清仓。可能你对有些物品无法立即做出"判决"，那么暂时放一放，如果它在60天内仍然毫无用武之地，就别再犹豫了。

第二步：分类管理找空间，常用物品随手可取。将手纸贮存在卫生间洗脸盆下方的空间，桌布放在桌子下方的抽屉里，碗碟靠近洗碗机摆放。厨房台面上只摆放诸如电饭煲等常用电器，至于搅拌机、烤箱等最好放到橱柜里。衣柜最中间的位置应留给本季最常穿着的衣物，其他的则放在衣柜深处。

杂志、书报上架入篮。把过期的报纸、杂志清理掉，书籍分门别类放入书柜，新买的杂志可放到杂志架或杂志篮里。账单、信件放在置物盒或收纳盒里，并贴上标签。

充分利用立体空间。沙发、桌椅、茶几下方和床底下等都是容易藏污纳垢的地方，可能会对家人健康造成隐患，但带滑轮的整理箱的介入，会让它们变成收纳空间的好选择。

第三步：换色彩改变情绪。色彩和医学专家的研究显示，不同的颜色会引发相应的生理反应，如长时间生活在以红色调为主的房间里，人的心跳和肾上腺素水平都会增高；而淡蓝色则有助于神经的缓和放松。当然，你无须立即重新粉刷房间或更换壁纸，只需要改变一下寝具、窗帘或是摆件等软装饰的色彩，就能最大限度地达到和谐。另外，灯光的应用也足以左右人的情绪，将耀眼的日光灯换成带有灯罩的暗色灯泡，你很快就会发现家人都变得像小猫一样温柔乖巧。

第四步：整洁家居要保持。德国医学家的研究表明，长期居住在吵闹环境里的家庭主妇患心脏病的概率是普通人的三倍。看来，时断时续的噪声不仅考验着你的耐心，还影响情绪、损害健康。而窗帘、地毯等质地厚重的织物可以很好地吸收噪声。此外，种些绿色植物或鲜花也是不错的选择。

为家化个"圣诞妆"

圣诞树：装扮圣诞树，一般先从最顶端开始，系一颗金色或银色的大星星，或是放上个可爱的小天使、憨态可掬的圣诞老人等。以此为基点，然后再由上而下挂上各种小饰品，比如彩球、缎带、圣诞灯、小树枝、花、蝴蝶结、小星星等；树下可以放礼物、娃娃等大件物品。喜欢中西合璧的朋友还可以买回火红的中国结和中国娃娃当作点缀。

圣诞花环：硬纸板一块裁成环状，松枝约 1.5 米，饰物若干。将松枝缠绕在纸环上；整理枝条，将难看的纸板藏起来；轻轻地缠上各种珠链或丝绳，秘诀是缠得越松越漂亮；尽可随便地插上小饰物。

圣诞蜡烛：松枝约 1 米，家用瓷盘 1 只，大蜡烛若干，饰物若干。将松枝环绕蜡烛上，调整枝条，让它显得均匀茂密；将饰物按喜好安插上，怎么插都漂亮。

圣诞酒杯：金丝带约 0.3 米，金红丝绳约 1 米，金属丝 0.1 米。将丝绳在杯颈顶端交叉，向杯脚方向缠绕，压住绳头，顺着杯颈缠绕，尽量缠得紧一点，将丝绳在杯脚盘旋缠绕，最后用透明胶条固定。

圣诞挂饰：在西方过圣诞节挂红色的长袜子是一个传统。圣诞袜有白色的桃形贴饰和白色的翻边，长袜里可以放置圣诞礼物悬挂在圣诞树上。将它们成排挂在墙上也是一个可爱的创意。

卧室布置：选一套火红色的床上四件套，绣着金丝的花朵，符合平安夜热烈浪漫的气息；将床头的旧相框换成有圣诞花环图案的新相框；床前铺一块心形的红色地毯。

木桶的使用与保养

1. 木桶买来后应先检验一下质量：有无裂缝，连接处钢丝有无松动，材质与所选样品是否一致等。还要注意的一点是，新买的木桶表面大多会涂上一层桐油，它的味道往往会持续较长一段时间，因此在最初的几天一定要保持浴室空气的流通。

2. 最初试水会出现渗水，这属于正常现象，将水放满后要浸泡 12 小时以上，使木桶充分浸润，这时，木桶的渗水现象会停止。

3. 每天使用或两三天使用一次，泡完澡后将桶内脏水放掉并用清水冲净。

4.因木材本身会热胀冷缩，不可直接晒太阳或受冷风吹，如果长时间不用，可将木桶淋湿后用大塑料袋封住。

5.平时最好放少许清水，使其吸收水分，保持木质的饱和与湿润。

天冷了　要给家中补补水

实木地板：用微潮的拖布拖地．相对于强化地板来说，实木地板更容易因缺水而产生缝隙大，踩踏有声等问题，每周用微潮的棉质拖布擦拭地板很有必要。

强化地板：摆些绿色植物就行。强化地板一般不容易出现太严重的"缺水"问题，因此，如果没有加湿器，只在家里摆放一些绿色植物、水生植物就可以。

实木家具：最好用专业护理液。对实木家具而言，由于其表面的漆膜层相对较厚，仅仅用湿抹布抹擦效果很有限，科学的做法是选择专业家具护理液进行全方位的"调理"。专业的家具护理液中含有天然成分，易被木质纤维吸收，能够有效保存木材中的水分，防止家具干燥变形。

壁纸：不要用湿抹布擦。很多人因为担心干燥的空气会令壁纸起翘，所以在清理墙面时，直接用湿抹布擦拭壁纸，这种做法是错误的，很容易造成壁纸变色。对壁纸来说，只要定期用吸尘器进行除尘，避免让空调、暖气的热风以及加湿器的蒸汽直接吹到上面就行。

使用加湿器　门窗别紧闭

冬季为了防止室内空气干燥，很多家庭都使用加湿器。需要指出的是，加湿器如果使用不正确，非但不能净化空气，反而会增加患呼吸道疾病的可能。

加湿器使用中要注意三点：一是最好配置一支湿度表，将室内湿度保持在50%左右，超过湿度就要停机。二是要注意通风，每天开门窗换气不应少于两次，每次不少于15分钟，最多30分钟。三是加湿器应该每天换水，而且最好一周清洗一次，以防止水中的微生物散布到空气中。清洗时用软毛刷轻轻刷洗，水槽和传感器用软布擦拭，水箱装水后晃动几次倒掉即可。长时间不用应把水箱中的水倒干后，清洗、擦干加湿器的各部分再收藏。

如何选餐桌

根据面积选餐桌

对于房屋面积比较大的家庭而言，如果拥有独立的餐厅，则可选择富于厚重感的餐桌。如果餐厅的面积较小，而且就餐人数不确定，可能在节假日里才会增加就餐人数，那么可以选择较为灵活的伸缩式餐桌。

如果是一个房屋面积较小的家庭，没有独立的餐厅，可以一张桌子担任多种角色，比如既当餐桌也当娱乐消遣时用的麻将桌，另外也是孩子写作业的写字台。这种情况下选购餐桌时需要考虑是否能够担负起如此多样的需要，以及在不使用时是否可以灵活地收拾起来。因此市场上那种可折叠的餐桌就是比较好的选择。

根据风格选餐桌

居室如果是豪华型装修的，则餐桌应选择相应款式，如古典气派的欧式风格。

如果居室的风格强调简约实用，则可考虑购买一款玻璃台面简洁大方的款式，更加衬托出纯粹、简约的整体风格。

如果自然温馨是居室主人的追求，那么还可以考虑选择透露出自然淳朴气息、具有天然条纹的原木餐桌椅。

板式家具如何保养

首先，摆放板式家具的地面必须要保持平整，四腿均衡着地。

第二，家具摆放的位置不要受到阳光的直射，经常日晒会使家具油漆膜褪色，金属配件易氧化变质，木料容易发脆。

第三，保持室内湿度，不要让家具受潮。

第四，在清洁家具之前，应先用鸡毛掸、纯棉针织布之类的软性清洁器进行表面除尘处理，然后再用软布轻轻擦拭，可蘸少量水或适量洗涤剂进行清理。五金装饰（包括镀金）件只需要用干抹布轻轻打理，不要使用含化学物质的清洁剂，切忌用酸性液体清洗镀金件。

最后，定期对家具边接配件进行检查，发现有松动的地方要及时旋紧。

如何选购整体衣柜

选购整体衣柜，应根据不同家庭成员的需要，例如，老年人的衣物通常挂件较少，叠放衣物较多，因此如果家里有老人要使用衣柜，可以选择层板和抽屉较多的衣柜，避免老人为取衣物而进行攀爬出现危险，或者配置升降衣架便于老人取衣。

儿童的物品也比较多，如果家里有小孩，除了存放衣物还要考虑为孩子留出储存玩具的空间。选购时，可以将衣柜设计为一个大通体柜，上层为挂件区，用于衣物存放，并留出放置棉被等大件床上用品的空间，衣柜下层空置，方便孩子随时打开柜门取放和收藏玩具。

在卧室衣柜中留出电视机位也是颇为流行的方式，因此，如果有在卧室内看电视的爱好，整体衣柜设计时可以以电视机位置为中心，将左右两边分别设置成男女方各自的储衣空间。

柜体内的挂衣架储存大衣和上装，衬衫放在独立的小抽屉或隔板内；内衣、领带和袜子可用专用的小格子，既有利于衣物保养，取物也更直接方便；毛衣可放在较深的抽屉里；裤子则用专用的挂架存放。

挂画的技巧

视线第一落点是最佳位置

进家门视线的第一落点是最该挂装饰画的地方，这样你才不会觉得家里墙上很空，同时还能产生新鲜感。

角部装饰画改变视线方向

角部所指的就是室内空间角落，比如客厅两个墙面的 90 度角。就像近年来比较流行的沙发组合方式 L 形沙发，角部装饰画也有异曲同工之妙处。角部装饰画对空间的要求不是很严格，能够给人一种舒适的感觉。

楼梯装饰画可以不规则

假如一上楼梯，你正对的墙面面积很大，那么可以请专业人士直接在墙面上画图案。

色彩选择有忌讳

一般现代家装风格的室内整体以白色为主，在配装饰画时多以黄红色调为主。不要选择消极、死气沉沉的装饰画，客厅内尽量选择鲜亮、活泼的色调。

装饰画形状要与空间形状相呼应

如果放装饰画的空间墙面是长方形，那么可以选择相同形状的单一装饰画或现在比较流行的组合装饰画，尤其是组合装饰画，不同的摆放方式和间距，能实现不同的效果。

装饰品要与装饰画细节相呼应

选好装饰画后，还可以配一些比较有新意的装饰品，比如小雕塑、手工烟灰缸等，在细节上与装饰画相呼应，也能达到意想不到的效果。

买实木家具当心被忽悠

一、标注虚假板材信息

有的家具确实是实木的，但它在加工过程中做了手脚，比如家具板材所用的主料是桦木，再在外面包裹上一层樱桃木或红橡木的木皮，商家在销售时便告诉消费者，这家具是用樱桃木或红橡木做成的实木家具。

二、玩文字游戏

最常见的是将实木框架家具说成是实木家具，实木框架家具只有框架是采用实木制作的，其他部分所用的板材多是中纤板或者刨花板。还有的经营者把中纤板或者刨花板通过贴木皮，或者仿造木纹等方式伪装成实木木板，再进行加工当作实木家具来销售。

除甲醛产品没那么神

目前去除甲醛的方法包括以活性炭等为吸附材料的物理方法、通过一种气味去掩盖另外一种气味的化学遮盖法、通过化学反应来达到中和去除甲醛的方法、采用光催化原理的光触媒类产品，以及封闭掩盖性产品，原理是将封闭性产品涂刷在大芯板、家具等表面，形成一层涂膜，把甲醛等有害物质暂时掩盖起来，此外还有空气净化器类家电产品。

中国室内装饰协会室内环境监测工作委员会秘书长宋广生认为，有些方法还是有效的，但目前主要的问题是一些企业在宣传时将产品的效果无限夸大了。比如活性炭主要对苯类有机挥发物有很好的吸附作用，对甲醛吸附作用较弱。只有那些经过催化加上某些化学助剂或者药品的炭，经过化学反应，才能达到去除甲醛的效果。

国家环保产品质量监督检验中心工程师刘欣表示，活性炭是无动力吸附，只能逐步吸附，需要一定的时间。像有的销售人员宣称的那样快速去除甲醛根本不可能，而且活性炭饱和之后也不是在阳光下晒晒就能恢复使用的，因为苯类物质在阳光下挥发有限，活性炭的吸附功能不可能完全恢复。另外，光触媒的主要成分是二氧化钛，是一种催化剂，起激发和促进的作用，本身并没有吸附作用，而且其需要在特殊光照条件下才能起作用，普通的室内照明所起的作用十分有限。另外，虽然有些产品可出示国家权威机构的检测报告，但是，这些产品宣传的效果是指实验室效果，而产品的实际使用效果大多会打折扣。

另外，化学药剂在去除甲醛的过程中，使用不当对人体也是会产生危害的。有些化学产品对器具也会造成损害。

目前对于清除甲醛的产品尚无国家标准。对于企业送检的产品，他们主要是依据由中国室内装饰协会室内环境监测委员会编制的《室内空气净化产品净化效果测定方法》进行检测，主要是检测产品在一定时间内对污染物的去除率。

选购沙发床有学问

结构要牢固好用

框架结构是沙发床的"骨架"，坚固的框架是其牢固耐用的基本保障。如果沙发床采用木质框架，最好能够揭开底座衬布进行查看，看木质是否光洁，好的木框架应该没有虫蛀、疤痕、糟朽的痕迹。

目前，沙发床的"变型"方式主要有"翻转式"和"推拉式"两种。不论采用哪种方式，在"变型"过程中，都应该手感顺畅，阻力适中，各个部分就位后稳定牢固。

弹簧床垫不要太软

由于沙发床兼顾沙发和卧床之用，因此，其弹簧床垫的质量和舒适性至关重要。并非越柔软的弹簧床垫就是越好的，触感软硬适中的床垫能够均匀分散人体的重量，加强对脊椎的支撑能力，起到缓解身体疲劳的作用。此外，良好的透气性也不可忽视，这一特性可以令弹簧床垫保持较好的卫生状况。

面料缝纫要看细节

目前大多数沙发床都是布艺面料，在选购的时候，最好挑选面料比较厚实的沙发床，这样产品比较耐用。

面料的经纬线应该细致、严密、光滑，没有跳丝和接头外露的情况。相邻面料缝纫处的针脚以均匀、平直为佳。

包布要自然贴合

包布，也就是面料与内容物之间的贴合程度。好的包布应该是平整、挺括的，扶手与座面、靠背之间的过渡应该自然、流畅，没有皱褶。特别是如果沙发床在设计上有一些带有弧形的位置，更应该仔细查看，看包布是否圆滑流畅。另外，包布在花色上的拼接也要注意查看——图案在两处不同位置的拼接是否协调，如果是条纹图案，要注意条纹是否存在扭曲和倾斜的情况。

家具选择有讲究

检查配件安装是否合理。比如检查一下门锁开关灵不灵，大柜应该装三个暗铰链，有的只装两个就不行。该上三个螺丝，有的偷工减料，只上一个螺丝，用用就会掉。

有镜子的家具要检查背部。挑选带镜子的家具，如梳妆台、穿衣镜，要注意照一照，看看镜子是否变形；检查一下镜子后部水银处是否有内衬纸和背板，没有背板不合格，没纸也不行，会把水银磨掉。

检查贴面家具拼缝严不严。不论是贴木单板还是 PVC 等，都要注意皮子是否贴得平整，有无鼓包、起泡、拼缝不严的现象。检查时要冲着光看，否则看不出来。一般贴面家具边角容易翘起，挑选时可以用手抠一下边角，如果一抠就起来，说明用胶有问题。

各种材质的家具各有所长。木材属于天然材料，纹理自然、美观，手感好，且易于加工、着色，是生产家具的上等材料。塑料及其合成材料具有模拟各种天然材料质地的特点，并且具有良好的着色性能，但易老化、易受热变形，用此生产家具，其使用寿命和使用范围受到限制。

检查家具材料是否合理。不同的家具，表面用料有区别。如桌、椅、柜的腿要求用硬杂木，比较结实，能承重，而内部用料则可用其他材料；大衣柜腿的厚度有一定要求，太厚就显得笨拙，薄了容易弯曲变形；厨房、卫生间的柜子不能用纤维板做，而应该用三合板，因为纤维板遇水会膨胀、损坏；餐桌则应耐水洗。

阳台家具重在材料选择。木质阳台家具是人们的首选，但宜选用油分含量较高的木材，如柚木，可以有效防止木材因膨胀或疏松而脆裂。喜欢金属材质的人们宜用铝或经烤漆及防水处理的合金材质的阳台家具，这样的材质能有效承受户外的风吹雨淋。竹藤家具要注意对它的养护，淋雨后要及时擦拭清理。

选家具要看质检合格证

消费者在选购环保家具时要擦亮眼睛，坚决把不符合环保标准的"毒家具"拒之门外。

一般来说，环保水平由低到高排列分别是：中密度板、刨花板、大芯板、胶合板、层积材、集成材、实木。消费者要多加注意，最好买实木、藤制等纯天然家具，少买胶合板、人造板的家具；不要买有强烈刺激气味的家具，人造板制作的家具要看是否全部做了封边处理；在购买前一定要看质检合格证。为了保护自身的权益，最好在购买合同上增加室内环境条款，并开具正式发票，若发现家具污染室内空气，必须退货。有专业人士介绍，购买环保家具，要注意查看家具上是否贴有国家权威机构认定的"绿色产品"标志。如果是板材家具，还要看家具的截面，表面好不等于里面好，真正环保的板材是由新鲜木头制造的，所以切开以后能看到白色新鲜的基材，颗粒比较大；了解一下家具生产厂家的情况，一般知名品牌、有实力的家具生产厂家生产的家具污染问题较少；摸摸家具的封边是否严密，材料的含水率是否过高。因为严密的封边会把游离性甲醛密闭在板材内，不会污染室内空气，而含水率过高的家具不仅存在质量问题，还会加大甲醛的释放速度。

实木家具不一定健康

实木家具和环保未必就一定能画上等号。由于很多木材稀缺，所以现在用整板做实木家具的情况已经越来越少。

目前实木家具的原材料，一些是两块或者多块木材黏成单板，也有一些是碎木黏合后贴皮。这种制作方法就会涉及用胶的问题，而很多胶都是含甲醛的，也就是说会有一部分实木家具虽然采用了实木，但是也有一定量的甲醛释放。

通常来说，目前主要应用于家具的胶有脲醛胶和白胶，其中脲醛胶的甲醛含量要高一些，白胶的甲醛释放量相对要小。

而制作红木家具还有一种鱼皮胶,这种胶是完全天然的材料,是不含甲醛的。

因此,我们在购买实木家具的时候,还是要尽量选择通过国家质检合格的品牌产品,消费者可以要求销售商对家具使用的木材和胶做一个说明。

在购买实木家具的时候,尽量避免过多拼接而成的家具。

买家具要关注辅料

慎重使用玻璃家具

玻璃本身就不是稳定性高的产品,而钢化或强化玻璃用在家具中,国标是允许其有一定自爆率的。当然,选材及制作工艺好的产品自爆率低,不好的自爆率则高。因此,专业人士建议消费者,家中不要过度使用玻璃家具。如果使用,最好选择将玻璃作为装饰,而非大面积使用的家具,或者选择螺丝是用铁片镶在玻璃上的家具为宜。

关注五金质量

拼装家具五金质量的优劣和安装规范程度的高低,是决定其好坏最重要的标准。另外,购买五金件时首先要看其基本工艺。例如表面是否粗糙、开关是否能够活动自如、有没有不正常的噪声等。其次，不要盲目相信"进口货"，要注意看五金件是否与家具的档次相匹配。分辨产品时，可以用手掂一下分量，分量重的用料比较好。

支架要牢固耐用

折叠沙发床如果长时间使用不当，可能出现支架倾斜、填充物塌陷现象，不但使用寿命会缩短，还可能影响消费者的安全。购买时一定要关注其支架是否牢固。

大件家具要固定

虽然国家对大件家具入户后的安装标准尚未做出规定，但专业人士认为，凡一米以上的成品家具，无论衣柜、书柜，还是储物柜，都应该与墙体做固定连接，这样才能保证绝对的安全。

矮家具害你一身病

桌子。站立时，平摊开双手，掌心与地面之间的距离，就是最适合你的桌子的高度。如果桌子太矮，上半身会不由自主地趴在桌面上，头部也会跟着低下去，长期弯腰低头，会引发脊椎病、腰肌劳损、颈椎病等疾病。

椅子。坐在椅子上两脚平放时，如果大腿与地面平行，小腿能够基本垂直于地面，那么椅子高度就合适。椅子离地面太近，人坐在上面，腿部很难伸直，下肢处于弯曲的状态，腿部关节不能放松，可能导致一些腰部疾病及关节炎的发生。

床。床沿高度是否合适主要看使用者膝盖的高度。自然坐立时，双脚高出地面 1~2 厘米即可。床沿过低，坐在床边时腿部不能自然放松，长此以往，腿部神经就会受到挤压。

电视柜。电视柜的高度，应保证观看者就座后的视线正好落在电视屏幕的中心。如果柜子太低矮，会造成俯视，头会不由自主地垂下去，对颈椎及视力都不好。

厨房用具。一般情况下，灶具台面的高度以 65 ～ 70 厘米为宜，操作台及洗碗池以 80 ～ 85 厘米为宜。如果厨房用具过于低矮，人在做饭的过程中，常需要弯腰，容易使腰背、脊椎和颈部反复劳损而受伤。

动动手　给家注入新活力

1. 可以在家里设一个隔断，如果家中是古朴的装修风格，木制屏风的效果会更好。

2. 在书架或展示柜里多放几盏射灯。

3. 餐厅与客厅的区分可以用不同材质的地板来体现。另外，最好采用玻璃门的设计，这样会显得更宽敞。

4. 家中若有墙面不知如何布置，不妨利用颜色、图案鲜明活泼的餐盘当壁画，空间立刻会变得鲜活起来。

5. 中式庭院常见的圆拱门，转换到现代空间，一样有着屋中观景的感觉。

6. 平铺的天花板看起来很呆板，不如将吊顶做成波浪形，令空间透出活跃感。

7. 蓝色的用品正如一阵海上吹来的凉风，可释放心理压力，所以不妨多买一些蓝色的装饰物。

8. 将书房的一面墙涂成绿色，不仅美观，而且在长时间读书后，看看这带有野外气味的绿色，能让疲惫的眼睛得到放松。

9. 在大玻璃杯中加入白色小石子作为装饰，可插入各式花材，并用铁丝做支架固定，别致又典雅。

10. 暖炉造型的电视柜以自然的红砖砌成，造型有趣，可营造温馨氛围。

11. 用木盒代替花器，再挂上中式画，可以在空间一角营造出古典情怀。

12. 家中的咖啡杯可以当花器使用，让美丽的器皿跳出其本来的使用范围，成为空间的装饰。

常给碗柜通通风

中国建筑装饰协会厨卫工程委员会常务理事于长虹指出，碗柜多是密闭的，通风性差，"当人们把洗好的碗筷放入柜子时，湿气很难散去。时间长了就会形成一个温暖潮湿的环境，而这就会滋生细菌。"细菌粘在碗筷上，容易导致病从口入，还会让碗筷有异味。

于长虹表示，"最好半个月彻底清洁一次。"清洁时，将里面的物品全部取出，用清洁布蘸取少量肥皂水或稀释的洗洁精擦拭，重点擦边角处和隔断处。然后用干布擦净水痕，打开柜门通风晾干。他提醒大家，不可以用金属清洗剂、炉灶清洗剂、强酸清洗剂等烈性化学品清洁碗柜，也不要用较硬的铁丝清洁球。

他还指出，平时洗完碗，最好将水擦拭干或晾干，然后再往碗柜里放，早晚可以打开碗柜门通通风。此外，不要往碗柜里放过热、过冷的物品，也不要放盐、碱等有腐蚀性的作料，还要及时擦拭水痕。

家庭安全十大隐患

2009 年寒假期间，江苏省疾控中心对南京 600 名 3 ~ 5 年级学生家庭进行了一项"假期安全检查"，现总结出十大隐患：

一、90% 家庭成员在烹饪时会中途走开，60% 经常走开。（正确做法：不要随意离开厨房，用完燃气关闭总开关。）

二、70% 家庭中没有烟雾报警器，23% 从未听说。（正确做法：有条件的家庭应尝试安装。）

三、60% 家庭从未规划过火灾以外的逃生路线，32% 从未听说。（正确做法：每个房间至少规划两条逃生路线，定期演练，并约定逃离后的集合地点。）

四、40% 家庭电话旁没有紧急联系电话，28% 从未听说。（正确做法：全家一起做报警卡并写上住址。）

五、40% 家庭灭火器放厨房等危险地，32% 不知放哪儿。（正确做法：放在客厅等易取位置。）

六、31% 家庭取暖器临睡前不断电，21% 总是如此。（正确做法：临睡前关闭电源或设置自动关闭时间。）

七、30% 家庭接线板像"章鱼"，插头"无孔不入"，15% 总是如此。（正确做法：电插座上插头不宜超过 3 个。）

八、30% 瓶装标签与内置物不一致，7% 家庭总是如此。（正确做法：经常检查，保持一致。）

九、30% 家庭床边放打火机，14% 总是如此。（正确做法：易燃物远离卧室，尤其床边。）

十、30% 家庭厨房大功率电器接在接线板上，12% 总是如此。（正确做法：微波炉等大功率电器用专用插座。）

买不锈钢产品有讲究

不锈钢因其含铁、铬、镍、硫等成分的不同，分成很多品种。一般而言，把镍含量大于 1% 的合金钢称为不锈钢，有的不锈钢还含有钛等其他元素。国产 200 系指铬镍锰氮系不锈钢，含镍量在 4 ％以上，如 202 型不锈钢；300 系不锈钢指铬镍型不锈钢，含镍量大于 8 ％，如 304 型、316 型不锈钢；由于物理成分的不同，300 系不锈钢的抗腐蚀性远高于 200 系不锈钢。但由于镍钛等金属的稀贵性，造成了 300 系不锈钢的市场价格远高于 200 系不锈钢的价格。成本的巨大差别及表面难区别性造成部分厂家、承包商尽量采用 200 系不锈钢来节省成本。更有甚者，采用国内一些小厂生产的含镍量在 1％~2％之间的不锈钢原料，使得不锈钢产品在防腐蚀性、韧性等性能上大大降低。

消协提示消费者，在购买不锈钢产品时，应注意以下几点：

1. 向有营业执照且信誉好的商家购买原材料。选材料时尽量选用在不锈钢管上直接印上生产厂名及"304"字样的材料。

2．订立书面合同。在合同中明确规定要选用的材质，切莫在材质选用上简单填写"标准"两字。不锈钢如用 304 型的，明确含镍量 8％以上，如用 202 型的，含镍量 4％以上。

衣物消毒液每月用一次

细菌和人类之间的关系相互依存，对人体消化和免疫功能至关重要。在日常生活中，没有绝对的无菌环境。人与细菌长期共存，只有少部分致病菌对人体有害，如沙门氏菌、大肠杆菌等，需要使用消毒液清除。如果频繁使用衣物消毒液，一方面会导致部分消毒液残留在衣服上，另一方面人体长期处在过于清洁的环境下对细菌的抵抗力下降，一旦环境中的细菌增多时，就特别容易生病。

如果接触过传染病人，应立即用消毒液对衣服进行消毒。但对于一般家庭而言，一个月用一次衣物消毒液就足够了。内衣只需要滴上两滴就能起到消毒作用，洗外衣时，则要多放一些，大概一个瓶盖的容积即可。目前处于换季时期，可以适当增加消毒液的使用次数，20天用一次。

特别需要提醒的是，衣物消毒液在水温40摄氏度时消毒效果最好。手洗衣服时，最好戴上橡胶手套，防止手部皮肤干燥脱皮。

老人卧室布置五要点

卧室是老人停留时间最长的房间之一，尤其对于卧床老人而言，卧室更是日常生活的主要场所。根据老年人的生理和心理特点，在布置老人卧室时需注意以下5个方面。

1. 色调淡雅，简洁明快。许多老年人易感伤、爱回忆，尤其对于丧偶或独居老人，更容易有孤独感和怀旧情绪。所以，在布置老人卧室时，墙面宜以高明度浅色调为主，利于提高室内亮度，营造柔和宁静的空间氛围，使老人心情平和愉悦。不宜过多使用黑色和灰色，容易让老人产生压抑、孤独、落寞感；

不宜采用过于艳丽的颜色，其视觉冲击力过大，容易引发老年人情绪波动，不利于老人入睡。

2. 保证私密，隔绝噪音。老年人的卧室应该具有一定私密性，卧室门不宜正对住宅入口或其他居室门，避免其他家庭成员的进出和活动打扰老人的休息。同时，还要注意避免噪音，老人卧室不宜临近电梯，还可采用隔音材料，减小来自周边房间的噪音干扰。

3. 阳光充足，通风良好。老人畏冷喜阳，充沛的阳光，以及长时间日照都对老年人的身心健康有利。因此，最好把老人的卧室设在南面或东南面，使光线能够照在床上。同时，还要特别注意保持室内舒适的温度和良好通风，可通过调节门窗相对位置，给卧室通风。

4. 床边有桌，台面宽敞。老人的床边应设置台面，如写字台或高于床面的床头柜（高度在60厘米左右），方便老人扶着起身或站立。很多老人上了年纪腿脚不灵活，需要借助外物撑扶才能起身。同时，台面也能帮助老人起身时保持身体平衡，避免跌倒产生危险。台面应保证一定宽度，方便老人放置经常使用的生活物品，如水杯、眼镜、药品、台灯等。

5. 空间宽敞，流线畅通。许多老年夫妇因为作息时间不同或者起夜、翻身、打鼾等问题而互相干扰，选择分床或分房休息。因此，老人的卧室应该比一般卧室略大，一来可以满足两位老人分床休息（摆放两张单人床）的需求，二来可以为老人行动不便需使用轮椅时，留出足够空间，还能在卧室中留出一块活动区域。

同时，老人卧室进门处要注意不应有狭窄的拐角，以避免急救时担架出入不便。此外，老人卧室最好能够距离浴室、厕所近一些。床头最好装置一个紧急呼叫器，在出现意外情况，且身旁无人时，方便老人呼救。

保健凉席功能宣传太夸张

夏天，凉席成了市场上的畅销品。竹席、藤席、冰丝席、牛皮席……市面上的凉席品种越来越多，名称也越来越多，有一些商家还宣称凉席有抗菌、降血脂、促进血液循环等保健功效。

"冰丝"凉席成为销售员推销的重点。"冰丝"实际上材质都为"纤维"成分，就是通过化学手段，从竹子、藤、草或者其他物品中提取纤维素，通过湿法纺丝制成的材料。品质好一些的是竹纤维、藤纤维，品质差一些的可能是草、甘蔗渣或者其他物质提取的纤维。

中国纺织品商业协会家居夏凉用品分会秘书长张军表示，目前保健凉席国家没有统一标准，也没有科学验证，就靠商家自己的介绍，并没有数据性的东西。消费者购买的凉席采用的材质是纯天然、环保的就可以，不必相信商家宣称的保健功效。

张军提醒消费者，挑选凉席并不是越贵越好，越凉快越好，而是要综合考虑到每个人的身体状况。考虑到现在家庭里都有空调，在空调间里面如果凉席太凉的话反而会着凉，对身体会产生负面影响。

如果家里有老年人或者孩子，晚上开空调的话，用麻将席就不太适合。相比之下，藤席就显得很柔软舒适，适合儿童和老人。另外，选择竹席的话最好选择接近原生态竹子的颜色，其他颜色都基本上是染的，油漆里面含有化学物质，对身体不好。选购凉席时最好先闻一下席子的气味，如果有些刺鼻可能含有甲醛，购买后可进行擦洗、晾干、暴晒，甲醛含量会明显降低。

在选购牛皮凉席时，应检查其是否为真皮材料制成，工艺质量是否满足产品需求，鉴赏材质表面的光泽度，产品的售后服务如何等信息，只有各方面条件都合格的牛皮凉席才是真正的优质凉席。

后 记

　　《中国剪报》创刊已届而立之年，为了感恩广大读者三十年来的相伴与厚爱，我们编发了两套十六册精选丛书，其中，《中国剪报》精选八册，《特别文摘》精选八册。丛书所编文章全部源自《中国剪报》报纸和《特别文摘》杂志，并按专题分类编辑，一书一专题，与报纸杂志专题栏目相对应，以方便读者阅读与收藏。

　　三十年来，我们已编辑出版《中国剪报》《特别文摘》一报一刊的文字总量约1.8亿，本书从中精选出400余万字与读者分享。当下，浏览式、碎片化阅读方式流行，我们编撰丛书旨在倡导纸质阅读，引导数字阅读，让梦想与阅读相伴，激情与沉思交替。读书是个人的事，也是社会的事，一个喜欢读书的人，有助于养成沉静、豁达的气质。一个书香充盈的社会，必会有一个向上向善的文明生态。俄裔美籍作家布罗茨基有一句名言："一个不读书的民族，是没有希望的民族。"读书应是人类为了生存和培养竞争能力而行走的必要途径，更是一种社会责任和担当。正是缘于这份责任和担当，剪报人三十年如一日，朝乾夕惕，孜孜不怠地编好报、出好刊，让报刊更多散发着知识魅力、学养魅力和品格魅力，涵养着读书种子生生不息。

丛书编罢，掩卷感恩。首要感恩读者朋友，是你们成就了《中国剪报》三十年辉煌；还要感恩作者，是你们的神来之笔，诠释了生活的真谛，让过往的岁月留下深刻的印记；还要感恩编者，《中国剪报》《特别文摘》的编辑队伍是一支有理想、有抱负、有责任、有担当的优秀团队，其中多数同志受过新闻或中文的研究生学历教育，多年来，他们选编的文章深受广大读者朋友的喜爱；还要感恩新华通讯社对外新闻编辑部原主任、高级记者杨继刚先生为全书的编辑给予了悉心指导；还要感恩新华出版社总编辑要力石先生为丛书的选编、版式、装帧等给予了热忱帮助；还要感恩著名散文大家、人民日报原副总编辑梁衡先生在百忙之中为本书撰写精美的序言；还要感恩梁霄羽先生为丛书的编辑出版付出了大量的辛勤劳动。

丛书付梓，值此，谨向三十年来所有关心和支持《中国剪报》《特别文摘》事业发展的领导和朋友们表示诚挚的谢意！

限于编者水平，本书尚有疏漏之处，恳请批评、教正；尚有部分原作者未及告之，恳请见谅并联系我们，以便寄付稿酬。

阅读有爱，传书有情。当您手里摩挲着这套丛书时，愿您喜爱她，让书香怀袖，含英咀华，滋养浩然之气！

编　者

2015 年 5 月 4 日